HAUTE SENSIBILITÉ

Les armées au cœur des Jeux

GÉNÉRAL CHRISTOPHE ABAD

HAUTE SENSIBILITÉ

Les armées au cœur des Jeux

II/II DEBATS PUBLICS

Aux serviteurs d’hier et d’aujourd’hui,

À nos militaires blessés et aux familles endeuillées.

«La joie de l'âme est dans l'action.»

Maréchal Hubert Lyautey

«La difficulté attire l'homme de caractère,
car c'est en l'étreignant qu'il se réalise lui-même.»

Général Charles de Gaulle

Sommaire

PRÉFACE

La participation des armées aux Jeux olympiques et paralympiques (JOP) de Paris 2024 s'est imposée comme une évidence. Évènement sportif mondial, moment historique puissant de cohésion nationale, opportunité de rayonnement pour la France, autant de raisons qui ont conduit les armées à s'impliquer très tôt et sans retenue.

Mais avant toute chose, les JOP ont été une opération militaire qu'il fallait réussir. Dit ainsi, nous pourrions penser que cela fut simple. Évidemment, compte tenu de la portée et de la complexité de l'évènement, ce ne fut pas le cas. Pour autant, l'implication marquante des armées a permis de souligner que le succès nécessite une préparation minutieuse coordonnée avec de nombreux autres services de l'État, des moyens adaptés et la mobilisation de tous vers un but commun.

À cette occasion, les hommes et les femmes des armées ont été présents sur tous les fronts. Dans un premier temps, il a fallu sécuriser les nombreuses activités et des sites très divers, de la parade d'ouverture à la cérémonie de clôture. Bien qu'il ait nécessité un travail considérable en amont et une vigilance de tous les instants durant les épreuves, cet évènement a mobilisé ce que les armées savent faire le mieux : anticipation permanente, application des processus de planification comme pour toute opération, répétition et enfin conduite et adaptation. Ce fut aussi une manœuvre logistique réussie pour déplacer, soutenir, nourrir et héberger une force de dix-huit mille personnes sur l'ensemble du territoire national, dont plus de dix mille en Île-de-France. Le camp « caporal Alain Mimoun » est, à ce titre, emblématique. Déjà par son nom, qui permet de rendre hommage à un grand soldat blessé de guerre et à un sportif de renom. Homme de volonté mais aussi profondément humain, il demeure un exemple à suivre. Par sa dimension aussi, puisqu'il s'agit du plus grand camp militaire construit dans la capitale depuis la Seconde Guerre mondiale. Compte tenu de l'ampleur de la tâche, les armées ne sont pas restées seules. Elles ont pu compter sur leurs alliés, venus en nombre pour travailler à leurs côtés : une occasion unique pour tisser des liens dans un contexte original et renforcer l'interopérabilité des forces.

Ce livre partage les clés de la réussite de la sécurisation de cet évènement hors norme, qui peuvent s'appliquer dans bien d'autres circonstances.

Cette importante opération s'est réalisée en parallèle de toutes celles que les armées conduisent avec efficacité au quotidien. De même, les postures permanentes de protection du territoire national ont été assurées sans baisser la garde. Les JOP ont bien constitué une mission supplémentaire d'ampleur mais qui n'a jamais remis en cause la capacité des armées à faire face à une crise qui serait advenue simultanément.

Le succès indéniable de l'évènement et de sa sécurisation a également constitué un signalement stratégique fort vis-à-vis de nos partenaires et de nos compétiteurs. Pour nos partenaires, cela a permis de les assurer de notre crédibilité et de notre efficacité. En somme et dit simplement : ils peuvent compter sur nous. Vis-à-vis de nos compétiteurs, nous leur avons également signalé qu'ils devaient compter sur nous pour entraver toutes leurs tentatives de déstabilisation, pour rendre vains tous les efforts qu'ils pourraient faire pour tenter de nous nuire. En réalité, ce succès a contribué à atteindre notre ambition de « gagner la guerre avant la guerre ».

Cette période de près de deux mois s'est révélée unique pour renforcer notre cohésion nationale. Nos concitoyens qui sont venus nombreux assister aux épreuves sur les sites ou dans les « fan zones » ont pu rencontrer des militaires dans un contexte différent et mesurer le travail réalisé dans l'ombre pour leur permettre de profiter de l'évènement. Ces rencontres, la mise en lumière des armées et l'atmosphère générale qui entourait ces Jeux ont été une occasion privilégiée pour consolider les liens entre les armées et les Français. La cohésion nationale est le ciment qui nous permet de faire corps en tant que Nation. Toutes les opportunités qui contribuent à la consolider doivent donc être mises à profit. Elle est au cœur de notre force collective ; sa robustesse est ce qui nous permettra d'absorber plus facilement les coups qui pourraient nous être portés tant dans les champs physiques que dans le champ informationnel.

Au-delà des aspects sécuritaires, il faut saluer les remarquables résultats de l'*Armée de Champions*, car les militaires sont aussi des sportifs et pour certains, des sportifs de haut niveau. Le sport est également un outil précieux pour la reconstruction de nos blessés. Ce sont eux, valides comme invalides, militaires comme civils de la défense et tous athlètes de premier plan, qui ont fait rayonner les armées par les nombreuses médailles obtenues ainsi que par les valeurs qui nous sont chères et qu'ils ont magnifiquement incarnées : goût de l'effort, détermination et esprit d'équipe.

Enfin, je souhaite évoquer l'homme à la tête de cette manœuvre inédite, le général d'armée Christophe Abad, alors gouverneur militaire de Paris et auteur de ce livre. Je connais l'homme depuis plus de quarante ans, alors que nous partagions notre chambre au lycée militaire d'Aix-en-Provence. Les qualités que sont l'humilité et un sens aigu du service, qui le caractérisaient déjà lorsque nous préparions le concours de Saint-Cyr, sont restées un marquant fort de sa personnalité. Avec les années, l'expérience les a étoffées, faisant du général Abad un chef proche de ses hommes, sachant leur faire confiance et aux talents indéniables d'organisateur des missions les plus complexes, de leur conception à leur mise en œuvre en passant par leur planification. Il sait aussi s'entourer et travailler en équipe. Il a ainsi fédéré toute la chaîne de commandement derrière lui, de la troupe jusqu'à son état-major en passant par les chefs de corps déployés. Ce sont également les liens étroits tissés à cette occasion avec le préfet de police de Paris qui ont créé une synergie très probablement au cœur de la réussite des Jeux. Quand les chefs s'entendent, les hommes le ressentent.

Ce livre est donc celui d'un homme qui sait de quoi il parle. Si les JOP sont un succès visible et incontestable dont il a été un artisan majeur, ils sont très loin d'être le seul de sa longue carrière au service de la France. Au-delà des JOP, c'est ainsi plus de quarante années d'expérience qu'il partage avec le lecteur curieux de découvrir les coulisses de cette opération hors norme et qui finalement découvrira bien plus. Ce sont des savoir-faire, un savoir-être et des valeurs que cet ouvrage transmet. Ceux forgés dans l'adversité, dans la richesse humaine que constitue une vie dans les armées et dans l'apprentissage permanent qui nourrit notre capacité d'adaptation. Plus que le succès des JOP et de son architecture, ce livre est le témoignage d'un homme dont l'exemple atteste de tout ce que la volonté et la rigueur peuvent accomplir.

Général d'armée Thierry Burkhard,
chef d'état-major des armées

- Chapitre 1 -

ORGANISER ET SÉCURISER DES JEUX D'UNE NOUVELLE ÈRE

Cent ans que la France n'avait pas accueilli les Jeux olympiques d'été. Autant dire une éternité à l'échelle de nos mémoires !

Nommé gouverneur militaire de Paris en juillet 2020, j'avais conscience que se présentait devant moi l'un des plus grands défis de ma vie de soldat : la contribution des armées à la sécurisation des Jeux olympiques et paralympiques, qui se profilaient à l'horizon de quatre ans, et dont la tenue au cœur de la capitale allait bientôt révéler l'ampleur d'une opération de haute sensibilité.

MARQUER L'HISTOIRE DES JEUX

L'olympisme dans la Ville Lumière

Le 13 septembre 2017, à Lima au Pérou, Paris obtint l'organisation des Jeux 2024 après plusieurs tentatives infructueuses. Pour cette édition, un duo gagnant composé de Tony Estanguet et de Bernard Lapasset – brillants ambassadeurs du sport français – sut mettre toute sa force de conviction et sa connaissance intime de l'univers du sport international pour convaincre de la pertinence de la candidature de Paris.

Le moins que l'on puisse dire, c'est que les Jeux de Paris 2024 n'ont manqué ni d'ambition ni d'originalité. Attendus et observés par le monde entier, ils connurent un succès planétaire qui a suscité les éloges des plus hautes autorités, françaises comme étrangères. Ce succès est à la fois organisationnel, sportif, populaire et bien sûr sécuritaire. Dans des temps troubles et incertains démultipliant les menaces, la France a accueilli le monde sans faillir. Notre pays a brillamment relevé ce défi avec ce supplément d'âme et cette inventivité que l'on attendait de lui, se servant du décor qu'offraient les principaux sites historiques de la capitale et de sa région pour magnifier les épreuves sportives et les athlètes.

Comment caractériser ces Jeux ? Fidèles à un esprit d'avant-garde qui est au cœur de la tradition française, ils surent conjuguer audace avec innovation. L'olympisme a beau puiser ses racines dans l'Antiquité et perpétuer d'immuables rituels inspirés de cette époque, chaque nouvelle édition offre l'occasion de se singulariser. Le choix de bâtir des stades éphémères dans des lieux iconiques n'a pas facilité la sécurisation de l'évènement, mais il s'est avéré payant pour marquer profondément les esprits.

Ce que l'on retiendra avant toute chose, ce sont les premières cérémonies d'ouverture au cœur de la cité, hors du traditionnel stade, conférant à la Seine le statut inédit de « fleuve olympique». C'est encore l'idée géniale de proposer un «marathon pour tous» sur le même parcours que les athlètes olympiques, ou encore les épreuves de cyclisme sur route fendant la foule à Montmartre. Tout a été pensé pour proposer une expérience immersive au grand public, pour créer un nouveau modèle de Jeux en phase avec les défis de notre époque et qui laisse un héritage matériel et immatériel inspirant à la société française et au reste du monde.

L'autre caractéristique des Jeux de Paris 2024, c'est la démesure des chiffres et l'avalanche des records illustrant un évènement hors norme: 15 000 athlètes et parathlètes, 206 délégations, 32 sports olympiques, 22 sports paralympiques, près de 900 épreuves sportives, plus de 11 millions de spectateurs dans les stades, 24 000 journalistes accrédités, plus de 24 millions de téléspectateurs en France pour la cérémonie d'ouverture des Jeux olympiques, ou encore 5 milliards de téléspectateurs sur l'ensemble des olympiades! Ce bilan témoigne du savoir-faire de notre pays dans l'organisation d'évènements d'envergure. Un leadership appelé à durer en raison de la désignation officielle en juillet 2024 des Alpes françaises comme hôte des Jeux d'hiver de 2030.

L'extraordinaire engouement suscité par les Jeux de Paris constitue aussi un marqueur fort, mettant en évidence combien le sport est aussi sain pour le corps qu'il l'est pour l'esprit. En effet, les Français furent aux prises avec une fièvre euphorisante, diffusant de la joie et de la fierté. Les Jeux ont engendré un vrai regain de patriotisme, donnant une belle image d'un pays riche de valeurs humanistes, d'une histoire profonde et d'un héritage culturel foisonnant.

Faut-il évoquer les longs mois de JO *bashing* avant la cérémonie d'ouverture ? Tout était bon pour s'opposer à cet évènement planétaire : des risques de coûts non maîtrisés, des tarifs d'épreuves excluant les plus modestes, des effets néfastes sur l'environnement, des contraintes lourdes pour les riverains vivant à proximité des sites olympiques ainsi que des perturbations pour plusieurs secteurs économiques. Les Jeux ont bien sûr eu un impact sur la vie de la cité. Cela étant, dans le sillage d'une cérémonie d'ouverture spectaculaire et dès la première médaille d'or remportée par l'équipe de rugby à sept du flamboyant Antoine Dupont, l'atmosphère a radicalement changé. Une parenthèse enchantée de JO *loving* aura duré tout l'été, sans baisser d'intensité. Et je crois que l'on peut même parler d'un certain JO *blues* ressenti à la fin des olympiades, tant par les acteurs de l'organisation des Jeux que par nombre de nos concitoyens. La parade des champions qui fut organisée quelques jours plus tard sur les Champs-Élysées aura permis d'atténuer en partie ce sentiment.

Un rêve d'unité par le sport

Réunissant tous les quatre ans les meilleurs athlètes de la planète, les Jeux olympiques et paralympiques d'été constituent la plus grande manifestation sportive au monde depuis l'organisation des premiers Jeux de l'ère moderne à Athènes en 1896, à l'initiative du Français Pierre de Coubertin. Alors que le XIXe siècle était à son crépuscule, il entrevit dans l'organisation des Jeux olympiques des perspectives d'entraide et de progrès pour l'humanité, un modèle pour la paix, une voie d'épanouissement individuel et collectif.

Il n'y a pas de grand évènement sans symboles forts : serment, hymne, drapeau, flamme, devise… Le mouvement olympique s'est d'emblée doté de symboles représentatifs de ses valeurs, de son identité et de ses aspirations universalistes. Pierre de Coubertin imagina les anneaux olympiques à l'été 1913. Ornant le drapeau olympique, ils représentent les cinq continents et les couleurs de toutes les nations. La devise, officiellement lancée pour les Jeux de 1924 à Paris, s'imposa rapidement par sa simplicité et sa puissance : « *Citius, altius, fortius* » (Plus vite, plus haut, plus fort).

Les Jeux, reflet des réalités géopolitiques

Si les Jeux olympiques et paralympiques sont devenus au fil du temps un évènement mondial plébiscité par le plus grand nombre, Pierre de Coubertin dut faire face à son époque à de fortes réticences. Rares étaient ceux qui voyaient dans ce projet le moyen de rassembler les nations autour de valeurs partagées. Surmontant les nombreuses rivalités entre États européens, Coubertin créa le Comité international olympique (CIO) en 1894, à Paris, l'une des premières organisations internationales.

Si elles représentent la quintessence de l'idéal sportif à l'échelle planétaire, ces olympiades n'en restent pas moins un évènement diplomatique et politique qui permet au pays organisateur de mettre en scène ses relations internationales. On peut alors parler de « diplomatie sportive[1] ». « Les guerres éclatent parce que les nations se comprennent mal », avait déclaré Pierre de Coubertin lors du congrès fondateur à la Sorbonne. George Orwell, le célèbre auteur de *1984*, estimait quant à lui, à l'issue de la Seconde Guerre mondiale, que « le sport, c'est la guerre, les fusils en moins[2] ».

En ce sens, il serait naïf de considérer qu'une manifestation comme les Jeux peut rester apolitique. L'ampleur de leur impact et l'appétit d'influence qu'ils suscitent chez de nombreux dirigeants contribuent au *soft power* des États et à la réputation du pays hôte. Ils portent aussi d'importants enjeux sociétaux, l'objectif étant de laisser un héritage inspirant les générations futures. Aujourd'hui regardés par près des deux tiers de l'humanité, les Jeux ont de tout temps reflété la réalité des rapports de force mondiaux du moment, confortant l'idée qu'il existe un lien indéfectible entre le sport et la géopolitique, entre l'idéal olympique et les tumultes du monde.

C'est ainsi que les États vaincus de la Première Guerre mondiale (Allemagne, Autriche, Hongrie...) ne furent pas invités aux Jeux d'Anvers en 1920 ou encore que plusieurs pays menacèrent de boycotter les Jeux de Berlin en 1936, utilisés par la propagande nazie pour promouvoir son discours sur la supériorité aryenne, mis à mal par les athlètes noirs américains, dont l'emblématique Jesse Owens.

---

1. Marie-Cécile Naves et Julian Jappert, *Le pouvoir du sport*, FYP Éditions, Limoges, 2017.
2. Essai intitulé *The sporting spirit*, publié en 1945 dans *The Tribune*.

Depuis la Seconde Guerre mondiale, les Jeux ont souvent été la caisse de résonance des confrontations géopolitiques. Ainsi, en n'envoyant aucun athlète ou représentant officiel, certains pays contestataires affichent leur désaccord. Les exemples sont nombreux : en 1948, l'Allemagne et le Japon ne furent pas invités aux Jeux de Londres, auxquels l'URSS refusa de participer. En 1956, plusieurs pays boycottèrent les Jeux de Melbourne pour des raisons différentes comme l'invasion soviétique en Hongrie, la crise de Suez ou encore la reconnaissance de Taïwan. Il en fut de même à Montréal en 1976 en soutien à la lutte contre l'apartheid en Afrique du Sud, à Moscou en 1980 à l'initiative des États-Unis d'Amérique à la suite de l'invasion soviétique de l'Afghanistan, ou encore à Los Angeles en 1984, réponse du bloc soviétique au boycott de 1980.

En 1992, les Jeux de Barcelone, première compétition olympique de l'après-guerre froide, furent l'expression des nouvelles réalités géopolitiques. Tous les athlètes allemands défilèrent sous le même drapeau, l'Estonie, la Lettonie et la Lituanie eurent leur propre délégation, de même que la Bosnie-Herzégovine, la Croatie et la Slovénie. À l'occasion des Jeux de Rio en 2016, une équipe olympique de réfugiés fut mise sur pied pour la première fois, comprenant des athlètes en provenance de Syrie, du Soudan du Sud, d'Éthiopie ou encore de République démocratique du Congo.

Les Jeux de Paris 2024 n'ont malheureusement pas échappé à cette réalité en raison des conflits en Ukraine et au Proche-Orient. Cela a conduit le CIO à n'autoriser la participation des athlètes russes et biélorusses que sous bannière neutre, à titre individuel et sous condition de ne pas soutenir activement la guerre contre l'Ukraine.

LA SÉCURITÉ, UNE PRIORITÉ ABSOLUE

Les armées françaises jouent un rôle majeur dans la protection de la Nation. Elles sont en mesure d'intervenir en permanence, partout où flotte notre drapeau et vivent nos concitoyens. Elles contribuent à la défense du territoire national, métropolitain comme ultramarin, contre toute menace, quelle qu'en soit la forme.

C'est donc tout naturellement que les armées se sont mobilisées pour répondre aux défis sécuritaires imposés par les Jeux de Paris, avec professionnalisme, conscientes que notre pays comptait sur elles pour être au rendez-vous. Il ne pouvait en être autrement, l'engagement massif des armées allant de soi dans les circonstances exceptionnelles qui nous attendaient.

L'histoire récente des Jeux a été marquée par des attentats de nature terroriste, doublés d'un retentissement planétaire. Les Jeux de Munich en 1972 furent endeuillés par l'attaque sanglante perpétrée par le groupe terroriste palestinien « Septembre noir » contre la délégation israélienne au cœur du village olympique. Lors des Jeux d'Atlanta en 1996, un attentat à la bombe artisanale dans un parc à proximité des sites olympiques fit de nombreuses victimes. Ces exemples de passage à l'acte nous engageaient à envisager tous les types de scénarios de violence.

Un défi sécuritaire hors norme

Les Jeux de Paris se sont déroulés dans un contexte international particulièrement troublé, faisant probablement de ces olympiades les plus complexes à organiser sur le plan sécuritaire depuis la guerre froide. C'est en effet la première fois que l'ensemble des menaces déjà rencontrées lors des précédents Jeux se sont retrouvées concentrées sur une même édition.

Qui aurait pu imaginer, lors de l'attribution des Jeux à la France en 2017, que ces derniers se tiendraient dans un monde profondément bouleversé par l'offensive russe en Ukraine le 24 février 2022 et par l'attaque terroriste du Hamas frappant Israël le 7 octobre 2023 ? Qui aurait pu envisager la propagation exponentielle de la violence en plusieurs points du globe, la contestation de l'ordre international et des principes fondamentaux de souveraineté, le tout aggravé par l'accélération du dérèglement climatique, la lutte pour les ressources énergétiques et les flux migratoires irréguliers ? Sur le territoire national, les forces de l'ordre et les armées ont été sollicitées en réponse aux violentes émeutes survenues en Nouvelle-Calédonie courant mai 2024. Nous avons également fait preuve d'une vigilance accrue lors des élections européennes du 9 juin 2024, puis des élections législatives des 30 juin et 7 juillet à la suite de la dissolution de l'Assemblée nationale par le Président de la République.

C'est dans ce contexte inédit que les différents acteurs de la sécurité en Île-de-France se sont mobilisés sous la responsabilité du préfet de police de Paris, Laurent Nuñez. Cette situation a imposé d'anticiper toutes les menaces sans en écarter aucune, afin d'être en capacité de les traiter avec la plus grande efficacité. La concentration a donc été maximale, en amont comme durant les Jeux.

Des menaces multiples

Dans un environnement caractérisé par l'émergence de nouveaux espaces de conflictualité, la menace terroriste islamiste restait la plus dangereuse. Depuis une décennie, cette dernière a évolué dans ses modalités et dans son intensité, sans jamais disparaître. Elle pouvait être structurée et militarisée comme lors du périple meurtrier frappant Paris le 13 novembre 2015. Des projets d'attentat avaient d'ailleurs été déjoués dans les semaines précédant les Jeux. Nous avons aussi pris en compte la menace terroriste endogène, se traduisant par le passage à l'acte d'un individu isolé, « loup solitaire » endoctriné sur les réseaux sociaux ou stimulé par l'actualité internationale. Une menace terroriste incarnée par des profils de plus en plus jeunes, attirés au moins autant par des motivations religieuses que par les discours de chaos ou de violence.

Les représentants de l'État et les sites emblématiques constituaient des cibles potentielles des terroristes, tout comme les communautés religieuses. Sans en négliger aucune, une attention particulière a été portée à la communauté juive depuis le 7 octobre 2023, nous conduisant à adapter nos dispositifs pour sécuriser les sites sensibles, qu'ils soient religieux, culturels ou scolaires.

Dans un registre différent, les mouvements contestataires constituaient une autre menace. Motivés par des convictions écologiques, politiques, économiques ou encore sociales, ils pouvaient mener des actions spectaculaires, potentiellement violentes, perturbant l'organisation des Jeux.

Nous étions par ailleurs susceptibles d'être confrontés à des actions diligentées par de grands compétiteurs stratégiques comme la Russie, agissant directement ou par des intermédiaires, principalement dans les champs immatériels sous la forme de cyberattaques et d'opérations de désinformation destinées à ébranler la crédibilité de la France en matière d'organisation de grands évènements.

Dans le cyberespace, le niveau de menace est resté élevé en amont et durant les épreuves. Les cyberattaques pouvaient notamment cibler des institutions gouvernementales, l'industrie de l'énergie, les télécommunications ou l'organisation des JOP, à travers la billetterie et le système de chronométrage par exemple.

Plusieurs évènements de sécurité numérique ont été recensés, visant certains secteurs précités. Toutefois, le dispositif inédit de prévention et de lutte déployé par l'Agence nationale de la sécurité des systèmes d'information, responsable interministériel du volet cybersécurité, a permis le bon déroulement des activités. Le rôle du Commandement de la cyberdéfense en appui de cette agence mérite d'être souligné. Relevant de la responsabilité du général d'armée Thierry Burkhard, chef d'état-major des armées, cet organisme commandé par le général de corps d'armée Aymeric Bonnemaison disposait également de groupes d'intervention cyber prêts à garantir sur un court préavis l'exécution de notre mission.

Dans le champ informationnel, les armées françaises ont été ciblées dans les mois et semaines précédant les Jeux. C'est ainsi qu'un faux portail de recrutement, reprenant la charte graphique du site de l'armée de terre, a invité de jeunes Français à s'engager pour aller combattre en Ukraine. Par ailleurs, une fausse vidéo usurpant l'identité de RFI[3] a prétendu que la tuberculose avait été diagnostiquée chez des soldats ukrainiens soignés en France, menaçant notre pays d'épidémie. Enfin, la dépose de cercueils au pied de la tour Eiffel, couverts du drapeau français, a directement visé nos armées et leur prétendue présence en Ukraine. Ces évènements survenus à l'approche des Jeux nous ont rappelé combien ces derniers constituaient une puissante caisse de résonance médiatique.

De surcroît, le crime organisé, les narcotrafics et la délinquance ordinaire complétaient un spectre particulièrement large.

Ces nombreuses menaces, de plus en plus interconnectées, pouvaient se combiner à une grande diversité de risques, principalement de trois types : sanitaires alors que nous conservions tous à l'esprit l'impact de la crise de la Covid-19 ; climatiques, comme des pluies torrentielles ou des épisodes caniculaires aigus ; et enfin technologiques en raison de la présence autour de Paris de plusieurs sites industriels sensibles.

3. Radio France internationale.

Il convient de souligner le rôle central joué par le Centre de renseignement olympique (CRO), structure *ad hoc* relevant du ministère de l'intérieur et des outre-mer. Véritable tour de contrôle, cet organisme dirigé par le commissaire divisionnaire Olivier Métivet s'est nourri des données provenant de tous les services composant la communauté française du renseignement. Cela a permis de produire au profit des hautes autorités et de l'ensemble des acteurs sécuritaires des notes faisant l'inventaire en temps réel des menaces et des risques, et identifiant des mesures d'atténuation.

Une incontestable réussite sur le plan sécuritaire

Le bilan sécuritaire a été particulièrement satisfaisant, aucun évènement d'ampleur n'ayant perturbé le bon déroulement des Jeux. Ce résultat n'est pas le fruit du hasard. En lien étroit avec les services de la préfecture de police de Paris, nous nous sommes préparés à affronter un large spectre de menaces allant de l'expression la plus archaïque comme l'attaque à l'arme blanche[4] jusqu'à l'usage de technologies plus sophistiquées comme les cyberattaques ou les actions de désinformation sur les réseaux sociaux, sans exclure les attaques de drones inspirées d'un emploi désormais généralisé en Ukraine. Face à cette hybridité accrue, l'important travail de fond a payé.

4. Lors de l'attentat terroriste perpétré le 2 décembre 2023 sur le pont de Bir-Hakeim (Paris 15e), l'assaillant a utilisé un couteau et un marteau, tuant un touriste germano-philippin.

S'agissant des Jeux de Paris 2024, notre préparation a été particulièrement minutieuse, méthodique et professionnelle. Ce n'était pas un affrontement de haute intensité qui nous attendait comme les armées françaises pourraient y être confrontées sur le flanc oriental de l'Europe. Néanmoins, l'incertitude sur la nature des attaques susceptibles d'être perpétrées et sur les intentions de nos adversaires potentiels était totale, nous imposant de prévoir tous les scénarios, même les plus dégradés, afin de ne jamais être surpris. En outre, l'échec sécuritaire n'était pas envisageable compte tenu de la dimension planétaire de l'évènement. Pour toutes ces raisons, il s'agissait d'une opération de haute sensibilité.

Par les moyens déployés et les postures adoptées, nous avons été suffisamment dissuasifs pour éviter des passages à l'acte aux effets désastreux pour le bon déroulement des Jeux et donc la crédibilité de la France. Notre action dans le champ des perceptions a été particulièrement efficace. Nous nous sommes inscrits dans la vision stratégique du chef d'état-major des armées de « gagner la guerre avant la guerre », en étant en capacité de convaincre les agresseurs potentiels que nous étions prêts et déterminés à les contraindre.

UN ÉTÉ OLYMPIQUE AUX MULTIPLES DÉFIS POUR LES ARMÉES

L'été 2024 nous mit davantage dans la peau d'un marathonien que dans celle d'un sprinter... En effet, cette riche période a été jalonnée d'évènements majeurs qu'il convenait de réussir avec la plus grande rigueur, sans jamais baisser la garde.

Le défilé militaire du 14 Juillet

Ce fut tout particulièrement le cas lors du traditionnel défilé de la fête nationale, à seulement douze jours de la cérémonie d'ouverture des Jeux olympiques. En raison des contraintes générées par les installations sportives place de la Concorde, nous dûmes tout réinventer en basculant des Champs-Élysées vers l'avenue Foch. Ses caractéristiques différentes ont donné à ce défilé une saveur particulière, illustrée par une proximité inédite entre les défilants et le public. Nous avons néanmoins pris soin que ces changements n'affectent pas l'essence d'un défilé qui suscite chaque année de fortes attentes. Dans un contexte international imprévisible et sous tension, cette édition a souligné le haut niveau d'engagement opérationnel des armées françaises, à l'étranger comme sur le territoire national, et la solidarité stratégique avec nos alliés. Elle a aussi mis en avant leur force collective, leur détermination à défendre la Nation, ainsi que leur rôle dans le renforcement de la cohésion nationale.

Le défilé fit directement référence à deux évènements d'envergure de l'année 2024. Le premier était le 80e anniversaire de la Libération de la France, rappelé à l'occasion du tableau initial. Les trente et un pays alliés ayant contribué aux débarquements de Normandie et de Provence ont été mis à l'honneur, représentés par un porte-drapeau et sa garde. La seconde thématique, objet de l'animation finale, a naturellement porté sur le lien entre les armées et l'olympisme. Ce fut l'occasion de mettre en valeur la jeunesse engagée dans les nombreux dispositifs existants : préparations militaires, réserve opérationnelle de la Garde nationale, escadrilles Air Jeunesse, Cadets de la gendarmerie nationale, service national universel et service civique. Nous avons clôturé la cérémonie par une reprise du Cadre noir de Saumur dirigée par le colonel Thibaut Vallette, médaillé d'or par équipe aux Jeux de Rio en 2016. Cet officier a ainsi porté la Flamme olympique en procédant symboliquement au premier relais en Île-de-France.

La cérémonie commémorant le 80e anniversaire de la Libération de Paris

Le second grand évènement à organiser fut la cérémonie commémorant le 80e anniversaire de la Libération de Paris, le 25 août, soit trois jours avant la cérémonie d'ouverture des Jeux paralympiques place de la Concorde. Le parvis de l'hôtel de ville de Paris, qui accueille chaque année la cérémonie, était indisponible en raison des Jeux. C'est finalement la place Denfert-Rochereau qui a été retenue, empruntée par les troupes de la 2e division blindée du général Philippe Leclerc pour délivrer la capitale.

La tenue de ces deux cérémonies majeures au cœur de l'été a accru la complexité de notre mission de sécurisation des Jeux.

LE SPORT, TRAIT D'UNION ENTRE LES ARMÉES ET LA NATION

Le lien entre les armées et le sport s'inscrit dans une riche histoire car le sport exalte des valeurs fondamentales chères aux militaires : l'effort, le dépassement de soi, la discipline, l'esprit d'équipe, la volonté de vaincre, le mérite. De tout temps, les armées ont développé l'activité sportive pour préparer physiquement les soldats, renforcer leur endurance, leur combativité et leurs forces morales. Notons d'ailleurs que de nombreuses disciplines aujourd'hui olympiques, comme le tir à l'arc, l'escrime ou l'équitation, répondaient initialement à des finalités militaires. Ces valeurs partagées se retrouvent dans « l'esprit guerrier » promu par le général d'armée Pierre Schill, chef d'état-major de l'armée de terre. Le sport militaire permet également de cultiver des qualités comme le leadership, la camaraderie et la résilience.

L'*Armée de Champions* illustre avec force ce lien entre les armées et le sport. Ce sont quelque deux cent six militaires et civils de la défense, athlètes de haut niveau, qui ont participé aux épreuves olympiques et paralympiques de Paris 2024, rapportant pas moins d'un tiers des médailles françaises ! Si leurs succès font briller la France, il n'est pas toujours aisé de mettre en exergue dans les médias leur statut de ressortissants de la défense, alors que nos concitoyens devraient avoir une pleine conscience de la contribution significative des armées aux performances des athlètes français. Ces sportifs transmettent les valeurs de l'institution militaire lors des compétitions internationales et concourent au développement du lien armées-Nation. Ils sont rattachés au bataillon de Joinville qui a donné à la France de nombreux champions olympiques célèbres comme par exemple Martin Fourcade en biathlon, Florent Manaudou en natation ou encore Tony Estanguet en canoë.

Les destins croisés des armées et du sport sont profonds. C'est ainsi que le premier conflit mondial a mis en exergue le sport féminin, vitalisé par le rôle primordial joué par les femmes à l'arrière du front. Aujourd'hui, leur présence importante au sein du bataillon de Joinville – plusieurs d'entre elles ont d'ailleurs décroché des médailles aux Jeux de Paris – reflète aussi la féminisation des armées. C'est également la Grande Guerre qui a permis le développement du handisport afin de donner des perspectives aux très nombreux soldats touchés dans leur chair. Gouverneur militaire de Paris de 2020 à 2024, j'ai eu l'insigne honneur de travailler à l'Hôtel national des Invalides. Construit par la volonté de Louis XIV d'accueillir les vétérans ayant servi l'armée royale, ce site emblématique a conservé sa vocation initiale de reconnaissance et d'accompagnement des blessés de guerre, notamment ceux qui se reconstruisent par le sport.

- Chapitre 2 -

L'ANTICIPATION ET LA PLANIFICATION, CLÉS DE VOÛTE DE TOUTE OPÉRATION MILITAIRE

SE PRÉPARER À PARTIR D'OBJECTIFS CLAIRS ET PARTAGÉS

Des invariants de méthode

Comment s'assurer de la meilleure adéquation entre les effets à produire sur le terrain et les ressources à y consacrer, dans une logique d'efficience ? Les chefs militaires se posent toujours ces questions essentielles en s'inspirant des grands stratèges tels que Sun Tzu, Clausewitz, Jomini, Liddell Hart ou encore Foch. Leurs principes de la guerre, enseignés depuis des décennies dans nos grandes écoles d'officiers, sont considérés comme des invariants de l'art militaire dont les conditions d'application diffèrent selon le contexte et les acteurs. Ces principes trouvent également leur place dans les entreprises. À l'occasion des Jeux de Paris, les travaux de conception réalisés par mon état-major ont d'emblée été guidés par la volonté de respecter les trois principes de Foch : liberté d'action, concentration des efforts et économie des moyens. Il s'est agi de les décliner en prenant en compte la spécificité de notre mission, tout en conservant le haut degré d'exigence qu'impose toute opération militaire, qu'elle ait lieu sur le territoire national ou à l'étranger.

Depuis 2015, la contribution des armées à la lutte contre le terrorisme dans le cadre de l'opération Sentinelle[5] nous impose de questionner en permanence l'évolution de l'environnement et des menaces, et, par conséquent, les conditions d'optimisation des moyens engagés en appui des forces de sécurité intérieure, police et gendarmerie. Cette approche a été respectée lors des Jeux de Paris alors que le caractère exceptionnel de l'évènement aurait pu nous conduire à nous en écarter. Elle a été facilitée par le travail de conviction que nous avons mené mais surtout par la volonté du préfet de police de Paris, convaincu que l'emploi à bon escient des militaires était une des conditions du succès de sa mission de sécurisation des Jeux.

Se mobiliser pour atteindre l'état final recherché

Responsable de l'emploi des moyens militaires en Île-de-France dans le cadre de l'opération Sentinelle, j'ai reçu en avril 2021 le mandat du chef d'état-major des armées d'assurer le lien avec les différents organismes chargés de la préparation des Jeux de Paris 2024. Les trois principaux étaient le

5. L'opération Sentinelle a été déclenchée par le Président de la République en janvier 2015 à la suite des attentats terroristes visant à Paris le siège du journal satirique *Charlie Hebdo* et l'*Hyper Cacher* porte de Vincennes.

Comité d'organisation des Jeux olympiques (COJO) sous la présidence de Tony Estanguet[6], la Délégation interministérielle aux Jeux olympiques et paralympiques (DIJOP) relevant du Premier ministre et dirigée par le préfet Michel Cadot, ainsi que l'instance de Coordination nationale pour la sécurité des Jeux (CNSJ) relevant du ministère de l'intérieur et des outre-mer, sous la direction du préfet Thierry Mosimann.

Nous devions acquérir la vision globale de la montée en puissance de la sécurisation de l'évènement. Il s'agissait concrètement d'orienter les décisions vers des options militaires réalistes, d'assurer la préparation des moyens qui seraient engagés et de faciliter la circulation de l'information entre les différents acteurs du ministère des armées. Le défi était d'autant plus grand qu'il fallait s'intégrer de manière proactive dans un environnement caractérisé par la multiplicité des acteurs étatiques mais aussi privés. Cela s'est traduit par la participation de mon état-major à l'ensemble des réunions préparatoires dans le domaine de la sécurité. L'objectif était aussi de travailler plus étroitement avec le préfet de police de Paris et ses adjoints[7] en renforçant une relation de confiance déjà solide.

Ce mandat m'a donné la légitimité indispensable en raison du rôle qu'allait jouer l'Île-de-France lors des Jeux, accueillant la

---

6. Le président était assisté du général (2e section) Bruno Le Ray, directeur de la sécurité des JOP, gouverneur militaire de Paris de 2015 à 2020.
7. En particulier la préfète Magali Charbonneau, directrice de cabinet, et le préfet Serge Boulanger, secrétaire général de la zone de défense et de sécurité de Paris.

grande majorité des épreuves et toutes les cérémonies d'ouverture et de clôture. Il a également permis de fixer des jalons précis de montée en puissance. Le premier portait sur l'élaboration avant la fin d'année 2021 d'une architecture du commandement adaptée à l'opération singulière que nous allions conduire, dans un esprit d'innovation. Cette architecture *ad hoc* a été expérimentée en janvier 2022 lors d'un exercice baptisé *Coubertin 1*. Le second concernait le périmètre affiné des missions que nous étions susceptibles de couvrir, à définir avec la préfecture de police au cours de l'année 2022 et au plus tard à l'été 2023 dans la perspective d'un second exercice majeur de préparation en novembre 2023, *Coubertin 2*.

Une fois le mandat reçu, ma priorité était de savoir ce que les autorités militaires attendaient précisément de moi, quels étaient au fond l'esprit et la lettre de la mission assignée, sans lesquels ne pouvaient débuter les travaux de planification de l'opération qui m'était confiée.

C'est pour répondre à cet indispensable cadrage qu'est élaboré « l'état final recherché », qui explicite l'objectif ultime à atteindre au terme de l'opération, en définissant les bénéfices attendus et la manière dont le succès est mesuré. Définir l'état final recherché, c'est aussi et surtout donner du sens à la mission en se projetant d'emblée sur le résultat escompté. Cela permet de planifier et de conduire sa manœuvre en tenant compte des menaces, du contexte, des acteurs et des enjeux, en mobilisant les ressources nécessaires et en coordonnant les actions de tous les intervenants.

Au niveau national, l'état final recherché lors des Jeux était libellé comme suit :

« La France sort confortée dans son statut de puissance, par sa capacité à conduire, sans incident notable de sécurité, cet évènement à la résonance mondiale. Les Jeux sont unanimement reconnus comme un succès, tant pour leur aspect novateur que pour l'héritage qu'ils lèguent et la rigueur de leur organisation. »

Décliné à l'échelle des armées, l'état final recherché s'exprimait ainsi :

« Tout en préservant leur capacité à faire face, dans l'urgence, à une crise majeure sur le territoire national ou à l'étranger, les armées ont contribué de manière maîtrisée et visible à la sécurisation des Jeux en appuyant efficacement les forces de sécurité intérieure face à toute menace de nature militaire, en faisant un effort sur leurs capacités singulières et en renforçant leur crédibilité en interministériel. »

Je n'ai eu de cesse, pendant la longue phase de préparation de ma mission, de conserver à l'esprit cet état final recherché. J'en ai partagé la quintessence avec mes subordonnés afin de guider le travail de planification, sous la direction de l'état-major des armées[8] fixant le cap général et en lien étroit avec tous les acteurs civils précités. Il est extrêmement précieux de pouvoir

8. L'état-major des armées était responsable de la préparation et de la planification de la contribution des armées à la sécurisation de l'ensemble des Jeux, en Île-de-France comme sur le reste du territoire métropolitain et à Tahiti.

disposer d'objectifs clairs et précis avec la plus grande anticipation, et il est encore plus appréciable que ces objectifs restent inchangés. Cela donne le temps de concevoir sa propre manœuvre sans rien laisser au hasard, en associant étroitement ses équipes.

La formalisation d'un état final recherché est un processus transposable à la conduite de tout projet complexe. Elle permet de mobiliser le collectif autour d'un objectif commun, oriente le travail d'analyse et facilite la définition des différentes étapes, du rôle de chacun, des capacités à solliciter, des contraintes et des indicateurs de suivi et d'évaluation.

De la bonne adéquation entre la mission et les moyens

En qualité de conseiller militaire du préfet de police de Paris, j'ai toujours veillé à la bonne adéquation entre les missions assignées et les moyens mobilisés, puis au bon emploi de ces derniers une fois qu'ils étaient déployés. En pratique, ce n'est pas au préfet de police de définir quantitativement le nombre de militaires, véhicules, engins ou équipements à engager. Il doit au contraire exprimer des « effets à obtenir ». Le chef militaire reste le mieux qualifié pour déterminer les moyens humains et matériels à déployer pour atteindre les objectifs fixés, en assumant ses décisions et en rendant des comptes si les objectifs ne sont pas atteints.

Le respect de ces principes repose sur une connaissance mutuelle et la maîtrise par les autorités civiles du cadre d'emploi des armées. Je me suis toujours efforcé d'expliquer à mes interlocuteurs que ces dernières ne sont pas la solution à tous les problèmes. Bien qu'agiles et réactives, elles ne peuvent pas tout faire. Seul un emploi respectueux de leur singularité est un gage d'efficacité. Les missions qui leur sont assignées permettent d'appuyer les forces de sécurité intérieure dans une logique de complémentarité et non de substitution.

Ne pas réinventer ce qui a déjà été éprouvé

Dès le printemps 2021, la question s'est posée du cadre devant servir de support à l'opération que les armées allaient conduire lors des Jeux de Paris. La réflexion initiée par l'état-major des armées et à laquelle mes équipes ont été étroitement associées a permis d'identifier deux grandes options.

La première s'appuyait sur l'opération Sentinelle déclenchée en janvier 2015, en considérant que la persistance de la menace terroriste sur le sol national justifierait son maintien à l'horizon de l'été 2024. Dans cette hypothèse, l'opération serait adaptée dans ses moyens humains et matériels compte tenu de la nature de l'évènement. Il s'agissait ainsi de répondre à la fois aux missions dynamiques de contrôle de zone conduites depuis l'origine, et aux missions nouvelles attribuées à l'occasion des Jeux. La seconde option consistait à créer une nouvelle opération avec une force dédiée aux seules missions générées par les JOP, tout en poursuivant l'opération Sentinelle « socle » avec les moyens traditionnels.

Le chef d'état-major des armées a finalement décidé de s'adosser à l'opération Sentinelle lors des JOP, choix qui s'imposait à l'évidence. En effet, la coordination simultanée de deux opérations aurait ajouté de la complexité en termes d'organisation des structures de commandement. Ce choix était par ailleurs motivé par une logique de visibilité. L'opération Sentinelle est connue du plus grand nombre et jouit depuis ses débuts d'une excellente réputation, la présence de patrouilles dans nos villes étant perçue comme rassurante et dissuasive par nos concitoyens. En outre, le cadre juridique et administratif de l'opération Sentinelle était jugé robuste et adapté. Toutes ces raisons nous invitaient à la préserver, en la redimensionnant en profondeur. La conséquence de cette décision n'a pas eu d'impact sur la perception du public et des médias qui ont continué à parler de l'opération Sentinelle durant les Jeux. En interne, tous les moyens engagés, y compris les acteurs assurant le soutien des unités ou encore le dispositif particulier de sûreté aérienne intégrant la lutte anti-drone, ont été labellisés « opération Sentinelle JOP ».

Fort de cette décision, le dialogue civilo-militaire conduit avec la préfecture de police a permis de faire évoluer fin mai 2023 la réquisition[9] générale de l'opération Sentinelle pour l'inscrire dans la zone d'intérêt géographique des JOP, permettant l'adoption d'une posture préolympique à plus d'un an de l'échéance. Cela s'est traduit concrètement par l'appropriation par les

9. Sur le territoire national, l'engagement des armées dans le milieu terrestre nécessite une réquisition de l'autorité préfectorale qui fixe le cadre d'action et les effets à produire en appui des forces de sécurité intérieure.

patrouilles de l'environnement des futurs sites d'épreuves. Dans le même esprit, les moyens dédiés spécifiquement aux Jeux ont été désengagés à l'issue de la cérémonie de clôture des Jeux paralympiques du 8 septembre 2024. Le dispositif Sentinelle socle a repris ses droits à compter du 1er octobre après certaines adaptations arrêtées avec le préfet de police, concrétisant les enseignements tirés de cette riche période.

Ne pas subir le «syndrome londonien»

Un chef responsable d'une opération est par essence confronté à l'incertitude en termes de menaces, de moyens disponibles, de délais ou encore d'actions conduites par ses partenaires. Il lui revient de chercher à la réduire en faisant l'inventaire précis de tous les scénarios, même les moins probables, ces derniers pouvant être les plus impactants.

Désireux de mener une démarche de parangonnage en vue des JOP, je me suis rendu à Londres en novembre 2022, à l'invitation de mon homologue, le *major general* Chris Ghika, commandant le London District et la Household Division[10]. À l'instar du gouverneur militaire de Paris, cette autorité commande les opérations militaires dans sa zone. J'ai pu assister à une présentation de la contribution des armées britanniques à la sécurisation de grands évènements comme le jubilé de platine de Sa Majesté la reine Élisabeth II en juin 2022, puis ses funérailles en septembre 2022. Il m'a présenté le *lieutenant general* George

---

10. Cette grande unité assure le cérémonial militaire au profit de la famille royale et des bâtiments officiels.

Norton, son prédécesseur lors des Jeux de 2012, dont le témoignage et les recommandations ont été particulièrement concrets et éclairants.

Je suis revenu de Londres avec trois convictions profondes: il fallait concevoir un dispositif en mesure de pallier une éventuelle défaillance des acteurs de la sécurité privée, repositionner le centre opérationnel de mon état-major au cœur de Paris, et créer des capacités d'accueil des armées adaptées à un possible engagement massif en Île-de-France.

Ma première préoccupation concernait une éventuelle défaillance des entreprises de sécurité privée. Le COJO avait fait d'emblée le choix de solliciter l'ensemble des acteurs français de la filière pour relever un défi[11] inédit. Le risque était réel que la filière soit dans l'incapacité d'être au rendez-vous. Dans ce cas, il avait été décidé que l'État, responsable des missions de sécurité publique, couvre les écarts. À ce titre, le principe d'un «partage équitable du fardeau» entre les militaires d'une part et les policiers et gendarmes d'autre part a été initialement évoqué, avant que le Président de la République ne rappelle fermement début 2024 que les armées ne contribueraient pas à ce type de mission. Heureusement, nous ne fûmes pas confrontés à ce cas de figure en raison de l'implication résolue des responsables de la sécurité privée, appuyés en permanence par le COJO sous la direction de la DIJOP, et par le préfet de la région Île-de-France et préfet de Paris, Marc Guillaume. Ce dernier a su mobiliser et

11. Le besoin a été estimé à environ 18 000 agents par jour en moyenne avec des pics à 22 000.

coordonner toutes les parties prenantes sans jamais relâcher ses efforts et se départir de son volontarisme.

Cette situation de forte incertitude était nourrie par le retour d'expérience des Jeux de Londres qui invitait à la plus grande prudence. La défaillance tardive et massive de la sécurité privée avait contraint le Premier ministre David Cameron à engager les armées britanniques en substitution des agents faisant défaut, dans des missions de surveillance parfois statiques. Le choix avait été fait de confier l'ensemble des missions de sécurité privée à la société G4S, réputée robuste et fiable. Dans les mois qui ont précédé les Jeux, cette dernière a plusieurs fois assuré aux autorités que le processus de montée en puissance était conforme aux prévisions. Ce n'est qu'à six semaines de la cérémonie d'ouverture qu'elle a reconnu être dans l'incapacité de satisfaire tous les besoins, provoquant une crise aiguë largement médiatisée. Les armées britanniques ont dû ainsi mobiliser au dernier moment 5 000 militaires supplémentaires, portant à environ 17 000 le nombre total de soldats engagés sur l'ensemble des sites olympiques du Royaume-Uni (12 000 pour le London District). Elles ont été en mesure de répondre à ces sollicitations dans l'urgence car elles avaient anticipé en planifiant une force de réserve mobilisable sur un très court préavis.

Afin de se prémunir des conséquences d'un arbitrage comparable à celui subi par les armées britanniques, un travail d'anticipation a été lancé au sein du ministère des armées, rapidement partagé avec le préfet de police et les autorités du ministère de l'intérieur et des outre-mer. Nous avions tous conscience qu'en cas de défaillance de la sécurité privée, son niveau d'importance serait connu très tardivement, imposant de conserver jusqu'au dernier moment plusieurs hypothèses de volume de forces engagées. Fin 2022, j'ai donc demandé à mon état-major d'approfondir des scénarios différenciés de déploiement en Île-de-France, respectivement à 8 000, 12 000 et 16 000 militaires. Cette approche, validée par l'état-major des armées, a permis de lancer au plus tôt les premières études de génération de force avec l'armée de terre, principale contributrice, ainsi que l'identification des besoins de soutien logistique considéré comme un facteur clé du succès de l'opération. L'objectif était d'anticiper ce que nous qualifions alors de « syndrome londonien ».

Ma deuxième conviction portait sur le positionnement géographique du centre opérationnel de mon état-major, installé en temps normal au quartier général des Loges à Saint-Germain-en-Laye (Yvelines). Si les conditions de travail y sont optimales, il reste éloigné du cœur de Paris, ce qui est acceptable pour des opérations classiques mais l'est beaucoup moins pour une opération exceptionnelle comme celle des JOP. Lors des Jeux de Londres en 2012, le centre opérationnel du général commandant le London District a été déployé à Wellington Barracks, proche de Horse Guards où se trouvent son bureau et son cabinet. Ces deux emprises militaires sont au cœur de la capitale, à proximité de tous les ministères mobilisés par les Jeux. Ce dispositif s'est avéré précieux pour lui permettre sans délai d'assister à des réunions de haut niveau, de se déplacer auprès des unités sur le terrain tout en disposant de son outil de commandement, par ailleurs visité par plusieurs hautes autorités civiles et militaires en raison de son positionnement central. Dès mon retour de Londres, j'ai demandé à mon état-major d'étudier un repositionnement de notre centre opérationnel aux Invalides ou à l'École militaire durant les périodes de compétition, ainsi que celui de la brigade olympique[12] déployée en renfort. J'ai finalement privilégié l'École militaire qui offrait de meilleures conditions de déploiement et de sécurité. La mise en œuvre a nécessité des travaux d'adaptation de certains locaux et la création sur place d'une zone de vie au profit du personnel. En analysant les enseignements des Jeux de Londres, nous avons été en mesure d'anticiper et de maîtriser au mieux les conditions de notre engagement en Île-de-France.

Ce qui concerne les capacités d'accueil des armées et le camp « caporal Alain Mimoun » fera l'objet d'un développement dédié.

LE PROCESSUS DE PLANIFICATION : CRÉER LES CONDITIONS DE SA RÉUSSITE

Au commencement était la planification

Toutes les opérations militaires d'envergure font l'objet d'un processus complet de planification opérationnelle, qui définit les voies et moyens pour atteindre l'état final recherché décrit

12. La brigade olympique était composée de l'état-major de la 27e brigade d'infanterie de montagne et de régiments des forces terrestres. Cette dernière a participé à toutes les olympiades (été comme hiver) organisées par la France depuis un siècle.

précédemment. Ce processus est dirigé par le niveau stratégique puis décliné au niveau de chaque autorité militaire, appelée commandeur, à savoir le gouverneur militaire de Paris pour l'Île-de-France. Initiée plus de trois ans avant le début des Jeux, cette démarche a garanti une montée en puissance d'une rare efficacité. Mon état-major a été étroitement associé à ce travail, permettant de fixer les directives vers nos échelons subordonnés, au premier rang desquels le général de brigade Lionel Catar, commandant la brigade olympique qui allait avoir la responsabilité des unités dédiées aux missions de contrôle de zone.

Progressif et collégial, ce processus a permis l'appropriation de la mission à tous les niveaux, contribuant directement à sa bonne exécution. Mon état-major s'est notamment appuyé sur les délégués militaires départementaux relevant de mon autorité, qui sont les conseillers des préfets de département. Leur action a été essentielle durant tous les Jeux. En somme, nous avons été à la fois une vigie, un relais et une force de propositions vers l'état-major des armées et les grands commandements du ministère. Porte-étendard des armées en Île-de-France, nous ne pouvions faillir.

Cela a nécessité l'adoption d'un fonctionnement qui s'apparentait à celui d'un projet, le directeur du « projet JOP Île-de-France » étant le général de brigade Éric Chasboeuf, un de mes deux officiers généraux adjoints, interlocuteur privilégié des responsables civils et militaires en charge de la préparation des Jeux. Sa puissance de travail, son implication permanente et sa force de persuasion ont fluidifié toutes les relations avec les très nombreux protagonistes. Les Jeux ont également nécessité une profonde réorganisation de mon état-major en juin 2023 pour accroître la transversalité et la réactivité de toutes ses composantes.

À cet égard, je tiens à préciser quelques points saillants du processus de planification opérationnelle mis en œuvre lors des Jeux de Paris, reposant sur le « commandement par l'intention » préconisé par le chef d'état-major de l'armée de terre.

Encourager la subsidiarité et la prise d'initiative

Le principe de subsidiarité est au cœur de cette démarche car il consiste à respecter le niveau de responsabilité de chacun. La subsidiarité encourage la prise d'initiative de ses équipes, définie par le général d'armée Jean Lagarde, ancien chef d'état-major de l'armée de terre, comme la « forme la plus élaborée de la discipline ». Si cette dernière impose de connaître et d'appliquer à la lettre les termes de la mission, l'initiative invite à s'imprégner de l'esprit des directives reçues.

La subsidiarité et la prise d'initiative reposent sur la clarté des ordres mais aussi sur la confiance réciproque entre chef et subordonné. Je veux souligner celle dont j'ai pu bénéficier de la part du général d'armée Thierry Burkhard. Cela oblige tout autant que cela élève en termes d'exigence personnelle pour être au rendez-vous.

La subsidiarité et la prise d'initiative favorisent la culture de la réactivité des échelons subordonnés en cas d'apparition d'une menace inopinée ou, plus généralement, d'une brusque évolution de la situation. Ces derniers doivent être en permanence capables de réévaluer les conditions d'exécution de leur mission et de conduire l'action de leur propre initiative, tout en respectant strictement l'intention du chef. Cette intelligence de situation présuppose une aptitude particulière à la prise de responsabilités, qui nécessite du travail par des mises en situation et, une nouvelle fois, de la confiance.

L'attaque ciblant un militaire de l'opération Sentinelle JOP, quelques jours avant la cérémonie d'ouverture, illustre cette capacité à réagir instantanément au danger et révèle l'efficacité du travail opéré en amont.

Le 15 juillet 2024, à 21 h 45, lors d'une patrouille à pied à l'extérieur de la gare de l'Est, rue du Faubourg-Saint-Martin dans le 10e arrondissement de Paris, le soldat à l'arrière du groupe de combat a été attaqué dans le dos par un individu armé d'un couteau qui a crié «*Allah Akbar*» avant de passer à l'acte. Il a été blessé à l'omoplate sans que son pronostic vital ne soit engagé. Le personnel de la patrouille a immédiatement immobilisé l'agresseur, l'emploi de l'armement étant inapproprié en raison de la présence de nombreux passants à proximité. L'assaillant a de suite été interpellé par les policiers présents et le soldat blessé secouru par les sapeurs-pompiers de Paris dont l'engagement durant les Jeux a été en tout point remarquable.

J'ai été immédiatement informé par le général commandant la brigade olympique et par mon centre opérationnel. J'ai rendu compte de la situation au chef d'état-major des armées, au chef d'état-major de l'armée de terre dont relevait le militaire blessé et à M. Patrick Pailloux, directeur de cabinet du ministre des armées.

L'unité en posture d'alerte a rejoint la gare de l'Est dans des délais extrêmement brefs pour déployer un cordon de sécurité en appui des gendarmes mobiles. Le blessé a été évacué vers l'hôpital militaire de Percy à Clamart (Hauts-de-Seine) où il a pu échanger avec sa famille. Comme le prévoit la procédure, les militaires de la patrouille ont été auditionnés vers minuit par un officier de police judiciaire.

La réaction de la patrouille s'est avérée parfaitement adaptée. La présence rapide du chef de section a permis de recueillir des informations consolidées pour comprendre le scénario de l'attaque. La liaison avec les forces de sécurité intérieure, permanente grâce aux militaires détachés auprès de la préfecture de police, a facilité la sécurisation immédiate des lieux.

Le gilet de protection a probablement sauvé la vie ou tout au moins préservé le soldat d'une blessure extrêmement grave. Cette agression a été l'occasion de rappeler la pertinence de cet équipement dans les rues de la capitale. Elle a aussi permis de sensibiliser l'ensemble des unités sur la réalité de la menace et le maintien des mesures de vigilance renforcée à quelques jours de la cérémonie d'ouverture des Jeux olympiques.

Commander, c'est aussi dialoguer

Le deuxième point d'attention concerne ce que les militaires appellent le « dialogue de commandement ». Cette notion suscite souvent le questionnement du monde civil qui a une vision biaisée du mode de commandement dans les armées, organisations fortement hiérarchisées privilégiant la verticalité de la prise de décision. Ce dialogue de commandement s'illustre par le cadre formel qui cadence l'élaboration des ordres, structuré en trois phases : *mission brief*, *back-brief* et *rehearsal*, anglicismes dérivés des procédures de l'OTAN[13] qui sont le quotidien des armées françaises.

Le *mission brief* ou résumé de la mission est la première étape qui permet au chef d'exposer la mission en présence de tous ses subordonnés. À l'issue d'un travail d'analyse à leur niveau, ces derniers présentent au chef lors d'un *back-brief* la façon dont ils ont compris leur mission et les éventuelles questions qu'ils se posent en termes de moyens disponibles et de coordination. Enfin, selon les circonstances, une séance de *rehearsal*, à savoir une répétition, est organisée pour dérouler de manière concrète toutes les phases de la mission et s'assurer de la parfaite coordination des acteurs. C'est ce que nous avons réalisé à l'École militaire le 24 juillet, quarante-huit heures avant la cérémonie d'ouverture sur la Seine qui s'annonçait comme un rendez-vous particulièrement sensible.

Cette méthode d'élaboration des ordres est très efficace car le temps consacré à expliquer dans le cadre d'un dialogue de

13. Organisation du traité de l'Atlantique nord, dont la France est membre depuis sa création en 1949.

commandement franc et direct est ensuite un temps précieux gagné dans les phases d'exécution.

Planifier, c'est aussi s'entraîner

Le troisième point saillant du processus de planification opérationnelle est la conduite d'exercices d'entraînement. Force est de constater que notre préparation aux Jeux a été cadencée par un cycle particulièrement vertueux d'exercices, dont les deux principaux furent *Coubertin 1* en janvier 2022 et *Coubertin 2* en novembre 2023, organisés au quartier général des Loges à Saint-Germain-en-Laye. D'une dizaine de jours chacune, ces séquences se sont tenues sans troupe déployée sur le terrain. En effet, il s'agissait de placer l'ensemble des centres de commandement dans les conditions les plus crédibles possibles, avec des mises en situation et des simulations d'évènements et d'incidents couvrant tout le spectre des menaces et risques précédemment évoqués. L'objectif était aussi d'éprouver les outils et les procédures, de pousser les participants dans leurs retranchements et de renforcer leur connaissance mutuelle.

En janvier 2022, l'exercice *Coubertin 1* a permis de valider une organisation du commandement inédite en Île-de-France pour répondre aux défis des Jeux. Un an et demi plus tard, l'exercice *Coubertin 2* est venu clôturer une riche séquence débutée au cœur du mois d'août 2023 par des *tests-events*, compétitions internationales organisées sur les sites d'épreuves des Jeux et permettant au COJO de tirer les premiers enseignements en termes d'organisation et de coordination des acteurs et des moyens. Cette période estivale a été suivie de la Coupe du monde de rugby jusqu'à fin octobre. Si ces différents rendez-vous ont permis de roder certaines procédures avec les services de la préfecture de police, nous étions conscients que ce qui nous attendait à l'été 2024 allait être d'une tout autre dimension en termes de complexité.

Le réalisme fut au cœur de l'exercice *Coubertin 2*, qu'il s'agisse du cadre spatio-temporel en stricte conformité avec les activités sportives programmées durant l'été 2024, de la pertinence de l'animation et des incidents, ou encore des participants, chefs inclus, majoritairement présents durant les Jeux, et par conséquent tout autant concernés qu'impliqués. Cet exercice a constitué par ailleurs un véritable signalement stratégique, à l'attention de nos adversaires et compétiteurs potentiels mais aussi du CIO, très attentif à la mobilisation des acteurs en charge de la sécurité des Jeux.

Avec le recul, je considère que l'exercice *Coubertin 2* a représenté l'acte fondateur de la phase finale de notre montée en puissance, à huit mois de la cérémonie d'ouverture des Jeux. Nous étions prêts à l'issue, avec des procédures maîtrisées et, surtout, un collectif affûté et particulièrement motivé. À partir de ce moment, mon objectif était de ne pas perdre les acquis, de maintenir tout le monde sous une saine pression pour « rester en légère sudation », en se concentrant sur la phase opérationnelle de déploiement qui allait débuter au mois de mai pour les premiers détachements.

- Chapitre 3 -

UN DÉPLOIEMENT MILITAIRE D'UNE AMPLEUR INÉDITE

Deux ans avant le début des Jeux, je disposais déjà d'une directive stratégique du chef d'état-major des armées et d'une bonne vision de la géographie des sites olympiques et paralympiques. Cela a permis d'initier avec le préfet de police le dialogue visant à définir les missions susceptibles d'être confiées aux armées à l'été 2024.

Ce travail a été mené tambour battant durant de longs mois et jusqu'aux dernières semaines. Nous étions animés d'un esprit pionnier, conscients que l'évènement nécessitait de sortir des cadres d'intervention traditionnels. À cet égard, j'ai d'emblée pris soin avec mes équipes d'être à l'écoute des attentes de la préfecture de police. J'ai néanmoins réaffirmé que nos militaires devaient être engagés dans des missions qui correspondent à leurs compétences, respectueuses de leur singularité et qui génèrent une vraie plus-value au profit des forces de sécurité intérieure.

Je me suis toujours opposé depuis ma prise de fonction en 2020 à l'engagement des soldats de la force Sentinelle dans des missions de garde statique. D'une part, ces dernières ne correspondent pas aux qualifications détenues et aux modes d'entraînement de nos militaires et, d'autre part, elles contreviennent aux principes d'agilité et de réactivité qui garantissent l'efficacité opérationnelle des armées sur le territoire national. Nos patrouilles sont d'autant plus performantes qu'elles sont imprédictibles et font peser l'incertitude sur l'adversaire.

Cela étant, le dialogue civilo-militaire a été particulièrement vertueux et constructif en dépit des fortes incertitudes qui ont longtemps pesé sur la capacité du COJO à relever le défi inédit de la sécurité privée. La force Sentinelle JOP placée sous mon commandement, composée de groupements assurant la sécurisation dynamique et de bataillons détenant les compétences spécialisées, a pu ainsi réaliser des missions à la fois utiles, valorisantes et visibles, en totale complémentarité avec les forces de sécurité intérieure.

DES MISSIONS DE CONTRÔLE DE ZONE ADAPTÉES AU CONTEXTE DES JOP

La contribution aux plans «tourisme XXL» et «dernier kilomètre»

L'opération Sentinelle JOP a directement contribué à la sécurisation de la plupart des points sensibles figurant dans son périmètre depuis 2015, au premier rang desquels les hubs de transport tels que les deux aéroports de Roissy-Charles-de-Gaulle et d'Orly, les gares SNCF et les principales gares RATP. Ce périmètre comprenait également les sites touristiques emblématiques d'Île-de-France comme le château de Versailles (Yvelines) ou encore le parc Disneyland Paris à Marne-la-Vallée (Seine-et-Marne).

Ces points d'intérêt ont été finement analysés par les unités qui ont pu exploiter en amont de leur déploiement les enseignements tirés des précédents mandats. Cela a grandement facilité l'augmentation du nombre de patrouilles rendue nécessaire par notre contribution au plan « tourisme XXL ». Décidé par le ministre de l'intérieur et des outre-mer, ce dernier avait pour but de renforcer la présence de forces de l'ordre aux abords des emprises les plus fréquentées.

Nous avons également appuyé les forces de sécurité intérieure autour des sites d'épreuves et de célébrations au titre du plan « dernier kilomètre », l'objectif étant de canaliser les spectateurs à partir des sorties de métro ou de RER, en créant une bulle sécuritaire dissuasive à l'approche des lieux de compétition ou festifs. Ce sont ces dispositifs qui ont conféré une forte visibilité aux policiers, gendarmes et militaires de l'opération Sentinelle JOP, les plaçant au contact direct de la population avec un retour très positif largement médiatisé, alors que certains s'inquiétaient d'une posture trop « militarisée ».

La sécurisation des épreuves sur route, courses à pied comme cyclistes, a fait l'objet de mesures particulières, le rôle des armées consistant à conserver à proximité des axes des unités extrêmement mobiles capables d'intervenir rapidement en tout point.

Concrètement, cinq fois plus de patrouilles ont été déployées durant l'été 2024 par rapport à ce que représentait l'opération Sentinelle avant les Jeux.

L'emploi novateur de drones

Une adaptation d'ampleur mérite d'être soulignée car elle illustre notre volonté d'innovation. Il s'agit de l'emploi de mini-drones, appelés drones du combattant, d'un poids n'excédant pas le kilogramme. Les unités en patrouille en ont fait usage pour la première fois lors des JOP, leur permettant sans délai de visualiser la situation de leur secteur. Leur emploi a été rendu possible après plusieurs exercices d'entraînement dès le mois de mai 2024. Les télépilotes des unités qui allaient nous rejoindre quelques semaines plus tard sont venus se familiariser sur plusieurs sites militaires d'Île-de-France, en zones urbaines et périurbaines. Une procédure exploratoire a été arrêtée avec tous les acteurs concernés permettant les vols de drones du combattant durant les Jeux, en toute sécurité et sans préjudice sur les mesures de lutte contre les drones malveillants mises en œuvre par le Commandement de la défense aérienne et des opérations aériennes[14] aux ordres du général de corps aérien Laurent Rataud. Près de deux mille vols de drones ont été réalisés durant les Jeux, donnant lieu à de riches enseignements dans la perspective d'une pérennisation de leur emploi dans nos agglomérations ou en terrains dégagés.

14. Grand commandement relevant de l'armée de l'air et de l'espace.

La sécurisation d'espaces ouverts autour de Paris

Une autre première fut l'engagement d'unités militaires en sécurisation de nuit du Golf national de Guyancourt (Yvelines) et du plan d'eau de Vaires-sur-Marne (Seine-et-Marne) accueillant les épreuves olympiques et paralympiques d'aviron et de canoë. Leurs larges espaces se prêtaient aux capacités d'observation de nos hélicoptères en liaison radio avec les troupes au sol. Cela permettait à ces dernières d'intervenir sans délai en cas d'évènement sécuritaire. Des drones filaires[15] ont également été employés pour surveiller certains secteurs. Dans le même esprit d'adaptation, nous avons utilisé des quads et des fardiers en dotation chez les troupes de montagne et parachutistes. Ces véhicules légers et maniables étaient parfaitement adaptés aux chemins difficiles d'accès. Lors de ces missions, les chefs des unités déployées ont eu l'opportunité de concevoir leur dispositif dynamique de protection en faisant preuve d'audace et de créativité, ce dont ils ne se sont pas privés.

La protection de la zone accueillant les bateaux de la cérémonie d'ouverture

La force Sentinelle JOP a eu la responsabilité de sécuriser la zone de stationnement des bateaux de la parade nautique le 26 juillet en ouverture des Jeux olympiques. Ce fut une mission sans égale par sa complexité et sa sensibilité, son succès

15. Drones reliés physiquement à une source d'alimentation au sol offrant de larges durées d'emploi.

conditionnant directement le bon déroulement du défilé sur la Seine, préalable à un début des Jeux réussi. Elle s'est avérée la plus difficile du mandat et fait l'objet d'un chapitre dédié.

Exemple d'une mission envisagée qui n'a finalement pas été retenue

D'autres missions de contrôle de zone susceptibles d'être confiées aux armées ont fait l'objet de discussions, comme par exemple la sécurisation du village olympique en cas de défaillance des acteurs de sécurité privée. Aucune demande formelle n'a finalement été exprimée mais la question s'est posée dans la mesure où, lors des dernières olympiades, les armées des pays hôtes ont parfois eu à endosser cette responsabilité. La capacité des acteurs de sécurité privée à assumer cette mission a finalement écarté cette hypothèse qui aurait eu un impact sur le format de la force déployée, compte tenu de sa durée et surtout de sa sensibilité, tout le monde gardant en mémoire l'attaque terroriste lors des Jeux de Munich en 1972.

DES MISSIONS D'APPUI SPECIALISÉ

Le bataillon génie, acteur clé des inspections de sécurité

Notre bataillon génie a participé activement aux inspections de sécurité de tous les sites sensibles en engageant des équipes spécialisées dans la lutte contre les munitions et explosifs, au côté de celles du ministère de l'intérieur et des outre-mer. Elles sont intervenues en étant appuyées par une centaine d'équipes cynotechniques[16] militaires dont près de la moitié provenait de pays partenaires[17], occasion de renforcer notre connaissance mutuelle et l'interopérabilité de nos procédures. Ces équipes ont travaillé conjointement avec des spécialistes de la lutte contre les agents radiologiques, bactériologiques et chimiques. Les inspections de sécurité ont connu un pic d'activité dans les jours et heures précédant les cérémonies d'ouverture et de clôture des Jeux olympiques et paralympiques afin de garantir aux hautes autorités, aux athlètes et au public des conditions optimales de sécurité. À ces occasions, la coordination avec les équipes spécialisées du ministère de l'intérieur et des outre-mer a été particulièrement étroite, nous imposant une forte réactivité pour répondre à des sollicitations parfois tardives. Si les inspections ont très majoritairement concerné les infrastructures de surface, certaines se sont déroulées dans les réseaux souterrains, comme ceux du Trocadéro. L'emploi des drones lors des missions d'inspection a apporté une vraie plus-value dans la vérification de sites difficiles d'accès ou de points hauts, offrant un gain de temps significatif.

Des hélicoptères pour gagner en réactivité

La force Sentinelle JOP comprenait également un détachement de l'aviation légère de l'armée de terre installé sur la base

16. Une équipe cynotechnique est composée d'un maître-chien et de son animal.
17. Belgique, Danemark, Espagne, Hongrie, Italie, Lituanie, Norvège, Pays-Bas, Pologne et Royaume-Uni.

aérienne 217 de Brétigny-sur-Orge (Essonne). Composé d'hélicoptères de reconnaissance *Gazelle* dotés de capacités d'observation diurnes et nocturnes, ainsi que d'hélicoptères de manœuvre *Caïman* permettant le transport de troupes et l'évacuation sanitaire, ce détachement a fourni aux unités au sol des capacités additionnelles décisives. Il a tenu l'alerte tout l'été afin d'effectuer des héliportages d'urgence en cas d'évènements graves nécessitant de s'affranchir des contraintes de mobilité terrestre. De nombreux vols d'entraînement ont été réalisés au profit de la force Sentinelle JOP mais aussi de gendarmes mobiles et de personnel de la brigade des sapeurs-pompiers de Paris. Tous les aéronefs ont été placés en alerte maximale lors des quatre cérémonies d'ouverture et de clôture.

Une opération portée par une forte dimension logistique

Il n'y a pas d'opération réussie sans un robuste soutien logistique. Œuvrant au profit de nos groupements mais aussi des forces de sécurité intérieure, le bataillon logistique de la force Sentinelle JOP a réalisé des escortes à motos et véhicules légers afin de faciliter la mobilité des unités. Il a assuré le transport de personnel et d'équipements, le dépannage de véhicules de tout type et les opérations de manutention de matériels sur nos différents sites, tout en conservant une capacité autonome de ravitaillement en carburant. Véritable « couteau suisse », il s'est imposé par sa compétence et sa polyvalence comme le garant de notre liberté d'action. Il a enfin joué un rôle clé lors du déploiement des troupes dès le printemps 2024, contribuant simultanément à la mobilité des détachements participant au défilé militaire du 14 Juillet. Il fut le dernier à quitter l'Île-de-France fin septembre 2024 en raison de sa mission de soutien du désengagement des unités, initié dès la fin de la cérémonie de clôture des Jeux paralympiques.

Des moyens de commandement performants

Un groupement d'appui des systèmes d'information et de communication a été mis sur pied lors des JOP, d'une architecture inédite. Il a été mobilisé dès le mois de mai 2024 afin de doter tous les centres opérationnels des équipements et des réseaux informatiques indispensables à l'exécution de la mission. Ce groupement a également garanti la résilience de notre outil en cas de coupure électrique. Son personnel a œuvré dans l'ombre mais son action a été décisive pour bâtir les structures de commandement en amont de l'arrivée des unités, assurer leur bon fonctionnement au cours de l'été et désinstaller tous les équipements et réseaux au terme des Jeux.

DES MISSIONS PARTICULIÈRES

La maîtrise de l'espace aérien, enjeu majeur de la sécurisation des Jeux

La force Sentinelle JOP a également protégé l'espace aérien francilien. Concrètement, un dispositif particulier de sûreté aérienne a été déployé sous la responsabilité du Commandement de la défense aérienne et des opérations aériennes. Il a nécessité un lien étroit avec la préfecture de police de Paris, les autorités compétentes de l'aviation civile et mon état-major afin d'assurer une parfaite intégration des drones utilisés lors des patrouilles à pied. Ce dispositif, robuste et résilient, a été conçu pour couvrir tout le spectre des menaces, des avions de ligne en passant par ceux de tourisme jusqu'aux petits aéronefs du type paramoteurs.

Un effort tout particulier a été porté dans la lutte anti-drone. Il s'est traduit par l'engagement d'une large gamme d'équipements des armées et du ministère de l'intérieur et des outre-mer, dont certains très récents. Les armées de l'air britannique et allemande ont également fourni des moyens. Le Commandement de la défense aérienne et des opérations aériennes a assumé la responsabilité de l'intégration et de la coordination de tous les systèmes anti-drone mobilisés. Par leurs caractéristiques spécifiques mais complémentaires, ces derniers ont offert une couverture la plus redondante possible.

Au cours des Jeux, une centaine d'interceptions d'aéronefs et de l'ordre de quatre cents détections de drones non autorisés ont été réalisées sur le territoire national. Aucun de ces évènements n'avait de finalités terroristes ou malveillantes. Ils ont été le fait de personnes méconnaissant ou feignant de méconnaître les zones d'interdiction de vol malgré les nombreuses actions d'information.

Célébrer les médaillés olympiques et paralympiques

En marge du volet sécuritaire caractérisant l'opération Sentinelle JOP, nous avons mobilisé pour chacune des séquences, olympique comme paralympique, un bataillon exclusivement dédié à la montée des couleurs lors des quelque neuf cents cérémonies de remise de médailles, dites cérémonies des Victoires. Le retour d'expérience a souligné combien cette mission à très forte exposition médiatique nécessitait une extrême rigueur d'exécution et une parfaite coordination avec les équipes dédiées du COJO. Le personnel[18] participant, pour l'essentiel très jeune, a su donner une belle image des armées.

UN LARGE SPECTRE DE MISSIONS OUVRANT DE NOUVELLES PERSPECTIVES

L'opération Sentinelle JOP a contribué efficacement à la sécurisation d'un évènement exceptionnel, faisant montre d'inventivité et d'agilité. Elle a réalisé une grande diversité de missions, dans tous les milieux : les airs, à terre et en espaces souterrains, à la surface de la Seine et sous les eaux. Cela s'est traduit par la mobilisation d'un éventail inédit de moyens dont certains n'avaient jusqu'alors été peu – ou pas – sollicités sur le territoire national. C'est ainsi qu'ont été engagés des avions, des hélicoptères, des systèmes de défense sol-air, des dispositifs de lutte anti-drone, des drones aériens et subaquatiques,

18. Issu des lycées militaires de défense, du service militaire volontaire, des préparations militaires des armées, de l'armée d'active et de la réserve opérationnelle. Le dispositif expérimental « volontaire découverte » de l'armée de terre a été mis en œuvre pour la première fois ; il se caractérise par des contrats courts de quatre mois.

des sonars bathymétriques, des moyens de vision nocturne, des équipes cynotechniques, des embarcations fluviales sur la Seine, des plongeurs de combat, des moyens satellitaires pour garantir la résilience de nos systèmes d'information et de communication et une gamme complète de moyens logistiques : engins de dépannage et de levage, motos en escorte, véhicules de transport et même camions-citernes.

Toutes ces missions ont été réalisées en conservant en permanence une réserve offrant une capacité de réaction en cas de sollicitations ou d'évènements imprévus.

Les Jeux ont imposé de profondes évolutions du dispositif Sentinelle en vigueur depuis 2015, faisant prendre conscience que cette opération – aussi légitime soit-elle – ne peut se poursuivre qu'en recherchant en permanence à s'adapter au contexte et aux menaces afin de préserver sa pertinence et sa crédibilité. C'est aussi le meilleur moyen d'éviter la banalisation de la présence de soldats lourdement armés dans nos rues, ce qui conduirait avec le temps à réduire leur efficacité.

Cette mobilisation exceptionnelle des armées s'est traduite par le déploiement en Île-de-France de 11 000 militaires en deuxième quinzaine de juillet, les effectifs se stabilisant autour de 10 000 durant la quinzaine olympique. Un effort significatif a été consenti dans la période d'entre-deux-Jeux avec 6 000 militaires engagés, avant de remonter à 8 000 durant la quinzaine paralympique.

- Chapitre 4 -

LA CÉRÉMONIE D'OUVERTURE, UN ÉVÈNEMENT SANS PRÉCÉDENT

UN DISPOSITIF SÉCURITAIRE INÉDIT

Une journée particulière

Nous l'avions tant préparée et tant attendue ! Objet de toutes les attentions, cette cérémonie d'ouverture le vendredi 26 juillet 2024 a été perçue comme une épreuve de vérité, la concrétisation de nombreux mois de préparation consacrés à planifier, organiser et peaufiner notre dispositif en étroite collaboration avec les équipes du préfet de police de Paris.

Avec beaucoup d'humilité, mes équipes et moi étions prêts à affronter tout type de scénarios sécuritaires. Je m'attendais à vivre le « jour le plus long » de l'été, bien préparé à une séquence dense qui s'achèverait au cœur de la nuit.

La journée a débuté par le point de situation quotidien avec mon chef d'état-major, le général de division Jean-Christophe

Le Roux, afin d'évoquer les évènements survenus pendant la nuit et les activités du jour. Cet officier général a été le véritable chef d'orchestre du centre opérationnel interarmées installé pour l'occasion à l'École militaire, dirigeant avec rigueur, calme et sérénité le travail de toutes les cellules, et assurant une coordination étroite avec la brigade olympique.

Je me suis rendu dans la foulée au centre opérationnel du bataillon Ivry-Charenton[19] pour y accueillir vers 8 heures le chef d'état-major des armées. À quelques heures du terme de sa mission de sécurisation de la zone de stockage des bateaux en amont du parcours de la parade, la visite de cette unité déployée depuis déjà un mois fut l'occasion pour notre chef de se faire présenter la façon dont étaient synthétisées et exploitées les données fournies par les nombreux capteurs activés. Le déroulement de la journée a été exposé en détail, la phase la plus sensible étant le débarquement des athlètes arrivant en bus et leur embarquement sur les bateaux de leur délégation. Cette manœuvre ne pouvait souffrir d'aucune approximation, les exigences sécuritaires devant être respectueuses des horaires précis imposés par les organisateurs.

La présence du chef d'état-major des armées sur le lieu le plus sensible de la journée pour les militaires nous rappelle que le chef doit être au contact de ses troupes lorsque la situation l'exige et que sa simple présence est de nature à les galvaniser

---

19. Appellation faisant référence à sa zone géographique de déploiement majoritairement située sur les communes d'Ivry-sur-Seine et de Charenton-le-Pont dans le département du Val-de-Marne.

au moment où elles doivent produire leur effort. Ce fut bien sûr le cas ce matin-là, les échanges avec le personnel étant un signe de reconnaissance particulièrement apprécié.

Évènement symbolique, défi sécuritaire

Sous les projecteurs du monde entier, la cérémonie d'ouverture a constitué pour la force Sentinelle JOP un défi majeur en raison de sa dimension inédite, pour ne pas dire démesurée. Elle a nécessité la mise en place d'un dispositif sécuritaire exceptionnel, complétant la mission du bataillon Ivry-Charenton débutée quelques semaines plus tôt. Elle a confirmé qu'il n'y a pas de missions irréalisables dès lors qu'on manifeste une volonté farouche et que les moyens adéquats sont mobilisés.

Un projet de cérémonie d'ouverture sur la Seine, intitulé « Armada », était à l'étude dès l'année 2021. Il a été élaboré à l'initiative de Tony Estanguet, président du COJO, qui en a présenté le concept général au chef de l'État, ce dernier étant séduit par son caractère audacieux pour ne pas dire révolutionnaire, en dépit des défis sécuritaires et logistiques qu'il posait. Le projet proposait en effet de rompre avec les traditions, cette cérémonie étant jusqu'à présent organisée dans un stade. En se servant de la Seine comme écrin, l'objectif était de rendre cet évènement plus accessible au grand public tout en valorisant le patrimoine exceptionnel qui borde le fleuve.

Le concept innovant de la cérémonie d'ouverture a été dévoilé en conférence de presse le 13 décembre 2021 à l'issue d'un conseil d'administration du COJO. Au début, les enjeux de sécurité pour l'organisateur et l'État paraissaient vertigineux, personne n'ayant l'expérience d'un évènement d'une telle complexité qui avait vocation à accueillir un nombre élevé de spectateurs, estimé initialement à 600 000 personnes.

J'ai toujours eu la conviction que le Président de la République était fortement attaché à la tenue de cette cérémonie inédite, et que seul un évènement sécuritaire d'une extrême gravité survenu dans les semaines ou jours précédant l'échéance aurait pu le conduire à privilégier une option alternative. C'est pourquoi nous n'avons eu de cesse de rester concentrés sur les modalités de réalisation de cette mission particulièrement complexe, sans état d'âme, en partant du postulat qu'elle se tiendrait par la volonté de nos plus hautes autorités et qu'il fallait donc consacrer toute notre énergie aux conditions de son succès. Parmi les critères discriminants figurait la question de la jauge de spectateurs présents en bord de Seine, payants sur les quais bas et sur invitation sur les quais hauts. Cette jauge, stratégique pour déterminer le volume de forces de sécurité et de militaires à mobiliser, a fait l'objet durant près de deux ans de nombreux débats relayés par les médias.

Comme pour toutes les missions susceptibles d'engager les armées, j'ai d'emblée veillé à écarter toute tentative de nous mettre en première ligne dans l'organisation de la sécurisation de cette cérémonie, démarche potentiellement motivée par notre savoir-faire en matière de grands défilés, celui du 14 Juillet notamment. Il était acquis que les armées seraient massivement déployées si cette parade sur la Seine se confirmait, mais en complémentarité des forces de sécurité intérieure conformément aux règles d'emploi en vigueur.

Cette préparation ne fut pas un long fleuve tranquille, plusieurs évènements sécuritaires offrant aux détracteurs[20] l'occasion de dénoncer l'incapacité présumée de l'État à sécuriser une telle activité. Je pense notamment aux incidents survenus lors de la finale de la Ligue des champions de football au Stade de France le 28 mai 2022 questionnant le dispositif des forces de l'ordre, ou encore aux violences urbaines dans Paris et sa banlieue fin juin et début juillet 2023. Ces évènements ont permis de rappeler la complexité et la sensibilité des opérations de sécurisation de grands évènements internationaux, et donc d'analyser les processus pour les adapter aux circonstances exceptionnelles qui nous attendaient.

Le déploiement des armées pour la parade fluviale du 26 juillet

Dans la foulée de la visite du bataillon Ivry-Charenton, je me suis rendu au centre opérationnel à l'École militaire pour faire un point actualisé de la mise en place des unités sur le terrain.

J'ai ensuite pris la direction des bords de Seine, dans le secteur compris entre les ponts des Invalides et d'Alma pour y rencontrer les militaires en patrouille à pied sur les quais hauts et

20. Le criminologue Alain Bauer, spécialiste des questions sécuritaires, a qualifié cette cérémonie d'ouverture sur la Seine de « folie criminelle » lors de l'émission *C dans l'air* diffusée sur France 5 le 30 mai 2022.

aux abords immédiats. Alors que notre dispositif devait être pleinement opérationnel à compter de 13 heures, je souhaitais m'assurer *de visu* que tout était en place et apprécier le niveau de coordination avec les différents détachements de police et de gendarmerie. J'ai vu des chefs et des soldats sereins et particulièrement déterminés, déjà concentrés sur leur mission de sécurisation alors que les spectateurs n'étaient pas encore présents, contenus par les forces de l'ordre en amont des zones de contrôle d'accès activées à partir de 15 heures.

J'ai rejoint vers 15 h 30 le quai Jacques-Chirac à hauteur du pont d'Alma pour y retrouver M. Gérald Darmanin, ministre de l'intérieur et des outre-mer, en présence du préfet de police et du général de corps d'armée Xavier Ducept, commandant la Région de gendarmerie Île-de-France. Le préfet Laurent Nuñez a fait un bref point de situation, me permettant d'évoquer la mission particulière des armées. Le ministre s'est ensuite prêté à un point média entouré de toutes les autorités présentes.

Plus de 300 000 personnes ont finalement été autorisées à assister à la cérémonie d'ouverture : 100 000 dans des gradins disposés sur les quais bas le long des quelque six kilomètres de parade nautique entre les ponts d'Austerlitz et d'Iéna ; 220 000 debout sur les quais hauts dans des zones préalablement définies en fonction de critères de visibilité, d'accessibilité et, bien sûr, de sécurité. Quoique éloigné des chiffres initiaux, le format retenu représentait un défi sécuritaire d'ampleur lors des phases d'accès aux zones spectateurs en bord de Seine, de parade sur le fleuve puis de dispersion du public. Les armées ont contribué massivement à la sécurisation du défilé sur toute sa longueur, en appui des importants moyens déployés par les forces de sécurité intérieure.

Le préfet de police a conçu une manœuvre inédite reposant sur l'instauration d'une zone ceinturant l'axe de la parade nautique de part et d'autre de la Seine ainsi que le secteur de la cérémonie protocolaire au Trocadéro. Ce périmètre, appelé SILT (sécurité intérieure et lutte contre le terrorisme), accessible aux seules personnes accréditées, a été activé huit jours avant la cérémonie d'ouverture. Il a contraint la circulation des véhicules à moteur au cœur de Paris ainsi qu'une partie de l'activité professionnelle mais s'est avéré particulièrement efficace pour garantir la maîtrise des espaces à sécuriser.

Fort de ce périmètre cohérent, le dispositif des forces de sécurité intérieure a été hautement densifié avec le renfort de compagnies de marche venant de province, particulièrement visibles dans les rues de la capitale. Ce dispositif exceptionnel a également permis de soulager les acteurs de sécurité privée, fortement sollicités les derniers jours avant la cérémonie et le jour J, et qui avaient partagé avec nous quelques fragilités. Cela dit, ils ont réussi à relever un défi hors pair, ce qui était loin d'être acquis quelques mois et semaines auparavant.

Les armées ont mobilisé tous leurs moyens durant la semaine précédant ce grand jour, en complémentarité des policiers et des gendarmes.

En amont de l'évènement, nous avons contribué aux côtés des équipes du ministère de l'intérieur et des outre-mer aux visites d'inspection de tous les sites sensibles de la cérémonie d'ouverture, notamment l'ensemble des tribunes déployées sur les quais bas ainsi que tous les quais hauts. Cela a nécessité l'engagement de tous les spécialistes du bataillon génie, experts dans la lutte contre les munitions et explosifs mais aussi dans la lutte contre les agents radiologiques, biologiques et chimiques. Ce personnel a été utilement appuyé par des équipes cynotechniques militaires dont les chiens sont formés pour détecter des explosifs. Les dernières inspections ont été réalisées en fin d'après-midi le 26 juillet.

La brigade olympique a densifié les missions de contrôle de zone dans le cadre du plan « dernier kilomètre » tout en contribuant activement au plan « tourisme XXL ». Le 26 juillet, elle a porté son effort dans les couloirs de mobilité reliant les principaux hubs de transport aux différents secteurs accueillant le public en bord de Seine, sollicitant tous ses moyens et réduisant les délais d'intervention des unités en alerte. Elle a également engagé de nombreuses patrouilles dans les zones d'accueil du public sur les quais hauts de la Seine, opérant à compter de la mi-journée jusqu'au départ des spectateurs à partir de minuit. Enfin, elle s'est déployée aux abords de la zone de débarquement des athlètes au-delà du pont d'Iéna, ces derniers devant rejoindre le Trocadéro à pied ou en bus dans des conditions optimales de protection.

Une mobilisation maximale

Alors que nous étions largement mobilisés par la cérémonie d'ouverture, nous avons concomitamment participé à la sécurisation de la dernière journée du relais de la Flamme olympique en Île-de-France, débuté le 14 juillet en clôture du défilé militaire avenue Foch. Cette séquence s'est achevée sur le parvis de la basilique Saint-Denis (Seine-Saint-Denis). Sa trace a par la suite été perdue, son trajet étant maintenu secret par le COJO, avant de réapparaître plus tard dans la soirée lors de l'allumage de la vasque olympique dans le jardin des Tuileries.

Le niveau de coordination entre les forces de sécurité intérieure et les militaires de la force Sentinelle JOP a atteint ce jour-là son paroxysme, avec une présence dissuasive sur le terrain rarement égalée. En marge de ces missions visibles et exposées, nos unités ont apporté un précieux soutien à l'ensemble des moyens étatiques dédiés à la sécurité, offrant des capacités additionnelles susceptibles d'être mobilisées en cas d'incident grave.

C'est ainsi que le jour de la cérémonie, le bataillon logistique a déployé sur plusieurs sites des moyens en alerte capables de guider des convois, de désengorger les axes avec des engins de levage et d'acheminer du matériel. Il était aussi en mesure d'intervenir au profit des bus transportant les athlètes du village olympique vers la zone d'embarquement d'Ivry-Charenton en empruntant les voies olympiques créées pour la circonstance. Par ailleurs, nous avons mis en alerte maximale tous les hélicoptères du détachement de l'aviation légère de l'armée de terre.

Pour être complet sur le caractère inédit de notre engagement lors de la cérémonie d'ouverture, l'armée de l'air et de l'espace a activé en Île-de-France un dispositif particulier de sûreté aérienne totalement inédit par l'ampleur et la diversité des moyens engagés. C'est ainsi que l'espace aérien francilien a été exceptionnellement fermé le 26 juillet en fin d'après-midi pour la durée de la parade nautique et de la cérémonie protocolaire. Des avions de chasse *Rafale* et *Mirage 2000*, des avions légers *PC-21* et des hélicoptères *Fennec* ont assuré une permanence en vol. Des moyens de défense sol-air ont été déployés autour de la capitale pour être en capacité d'intercepter un aéronef hostile. Enfin, des moyens de lutte anti-drone ont été prépositionnés sur l'ensemble de l'axe du défilé afin de pouvoir déceler, identifier et si besoin neutraliser des drones malveillants. Ce dispositif hors norme a été dissuasif, aucun évènement sécuritaire n'ayant été à déplorer ce jour-là.

C'est au bilan de l'ordre de 11 000 militaires qui ont été mobilisés en Île-de-France dans la semaine précédant la cérémonie d'ouverture et le jour J.

LA SÉCURISATION DE LA FLOTTE EN AMONT DE LA PARADE NAUTIQUE

Une mission à nulle autre pareille

Le concept de la parade nautique imaginée pour la cérémonie d'ouverture nécessitait d'identifier une zone permettant d'accueillir quelques jours avant tous les bateaux des athlètes ainsi que ceux dédiés à l'organisateur, aux médias et à la logistique, soit près de deux cents au total en comptant ceux de la sécurité.

La suite consistait à les disposer en bon ordre, les équiper et procéder aux inspections de sécurité des coques, des ponts et des coursives. L'arrivée des athlètes en fin de journée du 26 juillet représentait le point d'orgue de cette mission singulière. Concrètement, il s'agissait de sécuriser une portion de la Seine en amont du début de la parade nautique, d'environ trois kilomètres de long, située entre le pont d'Austerlitz et la confluence de la Seine et de la Marne. Dans ce secteur, les quais de part et d'autre connaissent en permanence une activité dense et diversifiée illustrée par la présence d'entreprises de matériaux, de bateaux-restaurants, de péniches de particuliers mais aussi de berges piétonnes et de pistes cyclables.

Comme tout site olympique, cette zone devait être sécurisée avec la plus grande rigueur, la réussite de la cérémonie d'ouverture étant directement conditionnée par la protection de la flotte et sa mise en mouvement en début de soirée du 26 juillet, selon le programme millimétré du COJO. Une fois les premiers bateaux arrivés dans la zone, sa sécurisation devait être permanente afin d'éviter toute intrusion. Une sécurisation qui, à l'instar des autres sites d'épreuves, nécessitait de mobiliser un nombre important d'agents de sécurité privée à des fins de gardiennage, ainsi que des forces de sécurité intérieure pour assurer la protection des abords immédiats.

C'est dans ce contexte qu'a été évoquée à l'automne 2022 avec le préfet de police notre implication dans cette mission particulière. Compte tenu des enjeux, nous avons conduit une étude de faisabilité avant de nous prononcer. C'est ainsi qu'un mandat a été confié fin 2022 au chef de corps commandant un des groupements de l'opération Sentinelle afin d'évaluer les conditions de réalisation, de définir les moyens humains et matériels nécessaires ainsi que les actions à conduire par l'ensemble des partenaires civils, étatiques comme privés.

Nous avons d'emblée pris la mesure de la sensibilité et de la complexité d'une telle mission, qui ne pouvait qu'être un succès si les armées s'engageaient à l'assumer. Comment imaginer que les Jeux débutent par des dysfonctionnements en termes de sécurité qui incomberaient aux militaires ? C'était tout simplement une question de crédibilité.

Les conclusions de l'étude, rendues début 2023, ont confirmé qu'il était envisageable de conduire une mission de sécurisation par des modes d'action militaires. Plusieurs options ont été travaillées, allant de l'engagement de moyens spécialisés en appui des forces de sécurité intérieure et des agents de sécurité privée, jusqu'à la prise en compte intégrale de la sécurisation de la zone. C'est cette dernière qui a été privilégiée pour garantir la cohérence de l'emploi des moyens, placés sous la responsabilité d'une structure de commandement militaire dédiée. Cette option permettait de disposer de tous les leviers avec efficacité et, surtout, réactivité. Elle était un gage de succès. Nous l'avons présentée à l'état-major des armées qui l'a validée. La décision d'attribuer aux armées la sécurisation de la zone dite d'Ivry-Charenton a été officialisée lors d'un comité stratégique du COJO en avril 2023.

La «zone protégée» d'Ivry-Charenton

Créer une bulle de sécurité totalement étanche était un impératif. Ainsi, la première et la plus importante des exigences fut de placer l'ensemble de notre zone de responsabilité sous statut de «zone protégée[21] – ZP» dont l'intérêt premier, pour les armées, était de disposer d'une protection juridique robuste. Sous ce statut, toute personne tentant de pénétrer sans autorisation commet un délit flagrant, prévu et réprimé par le Code pénal, et peut donc être appréhendée. Il n'est donc pas nécessaire de démontrer le caractère frauduleux de l'intrusion ni l'intention de nuire. On comprend aisément combien cela est dissuasif.

Par ailleurs, la libre circulation étant interdite en ZP, l'ensemble des accès est contrôlé et tracé en permanence, toute personne admise dans la zone devant être nommément identifiée. Nous avons considéré que ces conditions, quoique très contraignantes pour le maintien des activités à l'intérieur du périmètre, constituaient un préalable indispensable au succès de la mission. Je dois reconnaître que cela a nécessité beaucoup de pédagogie vis-à-vis de nos interlocuteurs afin qu'ils comprennent précisément notre besoin opérationnel et les règles qu'impliquait ce statut. Le travail de conviction mené durant de longues semaines par le général Chasboeuf a fini par payer.

---

21. Une «zone protégée» détermine le besoin de protection et fait l'objet d'une interdiction d'accès sans autorisation. Ses limites sont matérialisées pour ne pas être franchies par inadvertance.

Une fois ce statut acquis, il convenait de définir et d'exprimer nos besoins. C'est ainsi que le COJO nous a appuyés pour la gestion des accréditations d'accès. Nous avons également pu disposer de barrières terrestres ceinturant la zone de manière continue et d'équipements de sécurité comme des herses, des barbelés et des blocs de béton pour prévenir toute tentative d'intrusion par véhicule ou à pied. En outre, afin que notre dispositif physique ne souffre d'aucune discontinuité, un besoin de barrières nautiques amovibles a été formulé. L'objectif était d'empêcher les accès par la Seine en amont et en aval de la zone, tout en conservant la capacité d'entrée et de sortie des bateaux, sous contrôle.

S'agissant des bords de Seine, la définition précise des limites de la ZP nous a amenés à faire du sur-mesure : certains bateaux à quai et sites d'activités au bord du fleuve nécessitant l'accès permanent d'un grand nombre de personnes ont été sortis du périmètre protégé alors que d'autres y ont été maintenus, imposant de détenir une accréditation pour y accéder.

Cela étant, en raison de la kyrielle d'acteurs[22] concernés par l'activation de cette zone de stationnement de la flotte, nous avons souhaité et obtenu que la coordination globale reste de la responsabilité du préfet de la région Île-de-France, d'autant qu'il fallait dans le même temps composer avec les contraintes

---

22. Pour ne citer que les plus importants : préfecture de région Île-de-France, préfecture de police de Paris, préfecture du Val-de-Marne, communes de Paris, d'Ivry-sur-Seine et de Charenton-le-Pont, COJO, Voies navigables de France et établissement public HAROPA Port gérant l'activité fluviale.

du trafic fluvial, les bateaux transportant des céréales connaissant une forte activité en cette période estivale.

Le cadre de cette mission étant fixé et la responsabilité totale de la sécurisation du plan d'eau et des quais confiée aux armées, nous avons pu nous consacrer à la génération des moyens militaires qui allaient être en charge de sécuriser la ZP. La complexité de la mission portait sur sa dimension multimilieux puisque la bulle sécuritaire devait aussi bien couvrir le fond du fleuve que son espace aérien immédiat.

Un dispositif militaire innovant pour garantir le succès de la mission

J'ai fait le choix de dédier une unité à cette mission singulière. Concrètement, le bataillon Ivry-Charenton a été constitué, fort d'environ huit cents militaires, placé sous l'autorité du général commandant la brigade olympique. La diversité des moyens regroupés en son sein a nécessité l'implication très en amont du chef de ce bataillon et de son équipe de commandement, associés étroitement au processus de planification, ainsi qu'un travail permanent de coordination avec mon état-major. Cela a permis, dès le premier jour de déploiement, une connaissance fine de l'environnement particulier de cette mission et la maîtrise totale des nombreux moyens mis à disposition, dont une gamme inédite de capteurs (caméras, sonars et drones) permettant un suivi efficace de la situation. Cette unité a été déployée à partir de fin juin 2024, puis désengagée dans la foulée de la cérémonie d'ouverture. Cette séquence a été appréhendée comme une véritable « opération dans l'opération ».

Un soin particulier a été apporté pour doter ce bataillon de l'entièreté des moyens spécialisés dont il avait besoin pour opérer en autonomie, en faisant preuve d'audace et d'imagination. L'intégration de capacités terrestres, aériennes et fluviales a répondu aux exigences opérationnelles de cette mission.

Le déploiement anticipé a permis de mettre en place un dispositif dissuasif crédible en amont de l'activation de la ZP le 18 juillet. Durant cette période préparatoire comme au cours de la semaine d'activation et tout particulièrement lors de la phase d'embarquement des athlètes le 26 juillet après-midi, aucun acte hostile, d'origine terroriste ou contestataire, n'a été à déplorer. Seuls quelques indices de repérage ont été recensés, sans conséquence. En effet, quelques jours avant la cérémonie, des individus ont été identifiés observant ostensiblement le dispositif en prenant des photographies, pouvant laisser penser qu'il s'agissait d'un travail préalable à une action malveillante. Grâce aux caméras de vidéosurveillance, le signalement des personnes et véhicules suspects a été transmis aux forces de l'ordre et diffusé à l'ensemble des unités du bataillon.

Cette mission s'est remarquablement déroulée et la posture dissuasive du bataillon Ivry-Charenton a payé, dans les airs, à quai, sur et sous l'eau. Ce succès est principalement dû à la qualité de la préparation et à la grande coordination avec les différents acteurs : les forces de sécurité intérieure en premier lieu, les riverains pour qu'ils comprennent l'esprit et la lettre de notre mission, mais aussi les moyens militaires spécialisés. C'est ainsi qu'une capacité de lutte anti-drone, activée par l'armée de l'air et de l'espace, a été intégrée au centre opérationnel du bataillon, facilitant la discrimination entre les drones de nos unités au titre de la sécurisation de la zone et de potentiels drones malveillants.

Dispositif totalement inédit à l'échelle d'un bataillon, une salle au fond du centre opérationnel regroupait des dizaines d'écrans assurant en temps réel la recopie d'images des cent dix caméras de vidéosurveillance périmétrique de la ZP, des caméras de la préfecture de police installées à demeure dans ce secteur et des systèmes sonars permettant la détection immergée. Ce dispositif prenait également en compte le flux vidéo des drones du combattant, massivement utilisés durant cette mission. Cette salle donnait le sentiment d'être dans une tour de contrôle d'aéroport.

Le bataillon a mené un remarquable travail sur le plan d'eau avec des embarcations fluviales du génie de dernière génération dont la présence était particulièrement visible et donc dissuasive. Sous l'eau, les plongeurs de combat du génie ont procédé à toutes les inspections de coques des bateaux ainsi qu'à des inspections subaquatiques le long des quais et aux abords immédiats des piles de ponts. L'emploi de drones bathymétriques, destinés à faire des relevés des fonds de la Seine, a facilité l'intervention des plongeurs.

La combinaison de tous ces capteurs a permis une observation permanente du terrain sans aucun angle mort, ces dispositifs étant complétés par des patrouilles dynamiques à pied, de jour comme de nuit, renforcées par des équipes cynotechniques.

Le bataillon Ivry-Charenton a su gérer la complexité due à la sensibilité de l'évènement, à la grande diversité des acteurs impliqués et à l'impératif de concilier des exigences de sécurité et de préservation d'activités.

Après coup, ce fut certainement la phase la plus délicate de tous les JOP, à laquelle les armées ont su répondre en conduisant une opération sur mesure.

La cérémonie d'ouverture depuis le centre opérationnel

J'ai rejoint vers 17 heures le centre opérationnel à l'École militaire afin d'assister à un nouveau point de situation. Le dispositif de contrôle de zone sur les quais hauts avait atteint sa pleine capacité opérationnelle, les dernières inspections de sécurité étant en cours de finalisation.

J'ai ensuite accueilli avec mes équipes M. Sébastien Lecornu, ministre des armées. Un point de situation de notre déploiement lui a été fait, suivi d'une visite des différentes cellules. Il a pu mesurer la singularité de notre organisation et la qualité des outils utilisés, avant un temps d'échanges particulièrement riche lui permettant d'apprécier le niveau d'implication du personnel.

Dès lors, je n'ai plus quitté le centre opérationnel, considérant que ma place était au cœur de la structure de commandement. Le général Chasboeuf a rejoint la préfecture de police pour assurer une coordination étroite et me prévenir de tout évènement sécuritaire. Disposant d'un écran, nous avons pu assister comme plus de vingt millions de Français à la cérémonie d'ouverture, tout en restant en liaison permanente avec le centre opérationnel de la brigade olympique installé à quelques centaines de mètres.

Je suis parti de l'École militaire peu après 1 heure du matin, alors que la grande majorité des unités avaient débuté leur désengagement. Il faut dire que la pluie qui redoublait dans la nuit a eu pour effet d'accélérer le départ du public une fois la cérémonie terminée, limitant les risques de débordement.

En essayant de trouver le sommeil au cœur de la nuit, j'ai pensé au rôle déterminant joué par les militaires de la force Sentinelle JOP dans la réussite de cette journée. Cela justifiait à mes yeux toute notre reconnaissance et notre fierté.

La cérémonie d'ouverture venait de se dérouler sans incident. Elle avait fait couler beaucoup d'encre et son succès revenait aussi à ceux qui avaient osé malgré les vents contraires. J'ai réalisé à la fin de l'été qu'il y avait eu un « avant » et un « après » cette cérémonie qui a opéré comme un puissant catalyseur. Cela étant, les Jeux ne faisaient que débuter et nous devions dès le lendemain entrer dans le vif du sujet avec de très nombreuses épreuves au programme.

Aussi, dès le premier point de situation au centre opérationnel le 27 juillet matin, j'ai pris soin d'insister sur la nécessité de rester concentrés. Une étape cruciale venait d'être franchie, mais notre mission se poursuivait avec le même niveau d'exigence et de détermination.

- Chapitre 5 -

LE CAMP « CAPORAL ALAIN MIMOUN », ILLUSTRATION DE LA COMPLEXITÉ LOGISTIQUE

ANTICIPER ET INNOVER DANS L'INCERTITUDE : UN CAS OPÉRATIONNEL

Construit en un temps record sur la pelouse de Reuilly dans le 12e arrondissement de Paris, le camp « caporal Alain Mimoun » a représenté un défi logistique majeur, en même temps qu'une preuve éclatante de l'esprit d'innovation dont nous avons fait preuve à l'occasion des Jeux.

À mon retour de Londres en novembre 2022, j'ai érigé en priorité absolue la mobilité de la force Sentinelle JOP, convaincu qu'il fallait positionner nos unités au plus près des sites à sécuriser. Les armées ne disposant pas de toutes les capacités pour répondre à cet objectif, il nous fallait sortir des schémas traditionnels en allant à la conquête de terrains civils.

La démarche que nous avons conduite pour disposer du camp « caporal Alain Mimoun » confirme combien il est important, en situation d'incertitudes, de garder en permanence à l'esprit une vision à large spectre des moyens nécessaires au succès de sa mission, qui trouve dans l'anticipation son allié le plus sûr.

Être en capacité de répondre aux scénarios les plus dégradés

Une zone de stationnement doit être considérée comme un véritable « écosystème opérationnel » qui garantit l'efficacité de la troupe qui en bénéficie. Elle doit être, autant que possible, dotée de larges capacités : celles qui concernent la vie courante comme l'hébergement, des blocs sanitaires, un pôle de restauration, un centre médical, un lieu pour la pratique des cultes, des installations sportives et des lieux de détente ; celles qui permettent de réaliser la mission comme les réseaux d'accès aux systèmes d'information et de communication, des parkings pour les véhicules et engins, un atelier de réparation de ces derniers, une soute à carburant, une soute à munitions et explosifs, voire une aire de poser d'hélicoptères ; celles enfin qui garantissent la protection de l'enceinte par des moyens passifs (barrières avec vidéosurveillance, dispositif de lutte anti-drone) ou actifs (poste de sécurité à l'entrée, patrouilles pédestres avec éventuellement des chiens et l'usage de drones).

Disposer d'une zone de stationnement provisoire en secteur civil n'est donc pas chose aisée. Cette question s'était d'ailleurs posée lors des Jeux de Londres puisque le déploiement dans l'urgence des armées britanniques dans la zone du London District, en réponse à la défaillance de la sécurité privée, avait imposé la recherche de nouvelles capacités. C'est ainsi que le bâtiment porte-hélicoptères *HMS Ocean* de la Royal Navy a été amarré sur la Tamise, dans le quartier de Greenwich à l'est de la ville, proposant 1 000 places. En complément, un entrepôt a été rendu disponible, offrant une capacité de 3 500 places. Ces moyens ont permis de respecter l'objectif de stationner les unités à une heure maximum des sites de déploiement.

S'agissant des Jeux de l'été 2024, les emprises militaires d'Île-de-France offraient une capacité de l'ordre de 8 000 places en bâtiment, dont certaines notablement rustiques et très éloignées de Paris *intra-muros* et donc de la plupart des sites d'épreuves. Cette capacité pouvait être augmentée de 4 000 places supplémentaires en mode dégradé, dans des hangars ou des gymnases par exemple, également loin de la capitale.

Réduire les distances entre les lieux de stationnement et de déploiement

Assurément, nous ne pouvions remplir la mission dans les hypothèses à 12 000 et 16 000 militaires déployés, par manque de places pour la plus haute mais surtout parce que les unités auraient été trop dispersées et dans l'incapacité d'offrir les garanties de réactivité attendues. Fort de ce constat, j'ai demandé en décembre 2022 à mon état-major d'étudier des options visant à rapprocher le plus étroitement possible les sites de stationnement des secteurs d'engagement, en privilégiant si besoin la proximité sur le confort. Cela nous a rapidement conduits à envisager des capacités de stationnement supplémentaires au plus près de Paris, au sein de nos emprises militaires les mieux placées mais aussi en milieu civil. Début 2023, l'état-major des armées a demandé au Service du commissariat des armées de satisfaire ce besoin. Cela s'est traduit par le recours à l'Économat des armées, son opérateur traditionnel, afin de ne pas obérer les moyens de soutien détenus par les armées, susceptibles d'être sollicités lors d'interventions militaires durant l'été 2024. L'Économat des armées a pu disposer de délais suffisants pour préempter des équipements civils[23] d'autant plus rares qu'ils étaient aussi convoités par d'autres acteurs impliqués dans les Jeux, étatiques comme privés. Ce travail d'anticipation a permis d'aménager plusieurs installations temporaires au printemps 2024, pour un total avoisinant les 8 000 places, en enceintes militaires et civiles.

Ainsi, plus d'un an avant les Jeux de Paris, toutes les décisions importantes en matière de stationnement avaient été prises. Mon objectif était simple : rester capable jusqu'au dernier moment de répondre à tous les scénarios validés au niveau stratégique. Alors que la génération de force avait été parfaitement réalisée par l'armée de terre avec des unités prêtes sur ordre à rejoindre l'Île-de-France, il était inenvisageable que j'annonce au chef d'état-major des armées à quelques semaines du début des Jeux que nous ne disposions pas, par manque d'anticipation, des capacités d'accueil suffisantes pour remplir efficacement des missions attribuées tardivement. C'était une question

23. Structures métallo-textiles pour l'hébergement, pôle de restauration, toilettes chimiques et containers douches, groupes électrogènes...

de crédibilité tant les armées étaient attendues pour contribuer à la réussite de l'évènement.

Bâtir une ville dans la ville

Parmi les sites bâtis par l'Économat des armées, celui sur la pelouse de Reuilly, qui accueille chaque printemps la Foire du Trône, illustre de manière emblématique le caractère hors norme de l'engagement des armées lors des Jeux. Ce terrain réunissait toutes les caractéristiques requises, au premier rang desquelles la surface – trois hectares – et la proximité avec de très nombreux axes pénétrants et le boulevard périphérique. Une demande a donc été adressée début 2023 à la mairie de Paris qui en a accordé la jouissance pour six mois à titre gracieux. En outre, les démarches administratives ont été facilitées par le soutien de la mairie du 12e arrondissement, de la préfecture de police ainsi que de la préfecture de région.

Conçu pour accueillir 4 500 personnes, ce camp a représenté un défi considérable au vu de l'ampleur du chantier et de ses contraintes logistiques. Car c'est bien une emprise opérationnelle, inédite sur le sol national depuis la Seconde Guerre mondiale, qui est sortie de terre en seulement soixante-cinq jours, équivalent du Salon du Bourget érigé en six mois sur un terrain parfaitement maîtrisé.

Véritable « ville dans la ville », ce camp comprenait plus de 300 « chalets » climatisés prévus pour 15 personnes en moyenne, des blocs douches et sanitaires, un pôle restauration, des installations sportives et de loisirs, un lieu de culte, une infirmerie et même une buanderie. Il m'importait que tous les soldats se voient proposer des conditions de vie décentes tout en restant sobres, car une troupe qui se sent considérée est toujours plus motivée. En outre, la préservation du capital humain contribue directement au maintien de la capacité opérationnelle des unités. Cela s'imposait durant les Jeux car les journées de patrouille étaient particulièrement longues et nécessitaient que les militaires puissent disposer des meilleures conditions pour se régénérer.

Compte tenu de sa sensibilité, ce site a fait l'objet de toutes les attentions en termes de protection, ceinturé par une clôture grillagée avec un système de vidéosurveillance et un dispositif de lutte anti-drone. Nous avons d'ailleurs instauré le statut de zone protégée à l'instar de la zone d'Ivry-Charenton.

Ce camp a mis en exergue le savoir-faire des armées françaises pour bâtir dans des délais contraints des zones d'hébergement et de vie couvrant toutes les fonctions essentielles et permettant de tenir dans la durée.

Un symbole fort

Compte tenu de son caractère symbolique, j'ai souhaité baptiser ce camp et le nom d'Alain Mimoun s'est immédiatement imposé comme une évidence. En effet, l'intéressé est considéré comme le plus grand athlète français du XXe siècle, médaillé d'or lors du marathon olympique à Melbourne en 1956. Ce que peu de gens savent cependant, c'est qu'il a été militaire du rang au sein de l'armée d'Afrique mise à l'honneur en 2024 dans le cadre du 80e anniversaire de la Libération de la France. Il participa aux campagnes de Tunisie, d'Italie et de France, débarquant en Provence en août 1944 avant la remontée vers Strasbourg puis l'offensive jusqu'à Stuttgart. Sa blessure aux membres inférieurs en janvier 1944 lors de combats en Italie fait de lui une figure emblématique de la reconstruction des blessés de guerre par le sport.

Alain Mimoun incarne par excellence le « soldat olympique », militaire exemplaire et valeureux ayant participé à la libération de la France avant de devenir un des plus grands champions de course de fond de sa génération. Sa vie, lors des combats comme sur la piste, ne peut qu'inspirer notre jeunesse par ce qu'elle représente d'engagement, de courage et de dépassement de soi. Nous ne pouvions trouver aussi beau nom de baptême, conférant à cette prouesse logistique un supplément d'âme dont nous étions collectivement fiers et honorés.

L'inauguration s'est faite le 5 juillet 2024, en présence de M. Sébastien Lecornu, de Mme Anne Hidalgo, maire de Paris, du général d'armée Thierry Burkhard et de Pascale Olympe Mimoun, sa fille.

- Chapitre 6 -

LA PUISSANCE DU NARRATIF AU SERVICE DE L'ENGAGEMENT

LA COMMUNICATION, LEVIER STRATÉGIQUE POUR RÉUSSIR UN PROJET COMPLEXE

Dans un monde globalisé, communiquer est à la fois un enjeu majeur et un moyen d'action privilégié. Enjeu, car la communication assoit la légitimité; moyen d'action, car elle renforce la crédibilité. Pour les armées, cette dimension participe directement à l'efficacité opérationnelle. Elle nécessite une stratégie et une organisation qui garantissent l'atteinte de l'état final recherché. Elle impose aussi une bonne maîtrise de l'environnement médiatique marqué par l'importance toujours croissante d'Internet et des réseaux sociaux. Montrer et expliquer la réalité des opérations permet de valoriser les forces engagées et d'accroître la confiance et l'adhésion des opinions publiques. De même, l'image de l'action militaire donnée par les médias ou les relais d'opinion agit directement en retour sur le moral des militaires et, partant, sur leur aptitude opérationnelle. Cela permet aussi de prévenir, sinon de limiter, tout ce qui peut entamer, par la manipulation ou la désinformation, leur crédibilité.

Le narratif doit être compris comme la manière dont nous expliquons ce que nous faisons. Cela impose de donner du sens au récit pour faciliter la perception et la compréhension de notre engagement, en interne comme en externe. Ce récit se nourrit de la réalité des faits, sans les déformer. Alors que l'information est devenue une arme, il est tout aussi important de faire que de faire savoir. Ce fut bien mon intention, en phase de préparation de l'opération Sentinelle JOP comme lors de l'exécution des missions.

Les Jeux relient le monde, le narratif en écrit l'histoire

Les JOP sont un évènement médiatique qui suscite un engouement extraordinaire. Universels et fédérateurs, ils incarnent des valeurs d'excellence, de persévérance et de dépassement de soi. Les performances des athlètes racontent des parcours de vie marqués par la résilience, les défis personnels et les sacrifices. Les médias exploitent ces récits pour susciter l'exaltation du public. En outre, des symboles forts rythment le déroulement de chaque olympiade comme les cérémonies d'ouverture et de clôture ou encore les remises de médailles. Ces mises en scène parfaitement orchestrées renforcent l'émotion collective. Pour toutes ces raisons, les Jeux nourrissent un narratif d'une grande puissance au sein duquel s'intègrent les armées, mues par des valeurs et des symboles qui se retrouvent dans le sport et la fierté de défendre les couleurs de son pays.

Dans ce contexte, nous devions montrer à nos concitoyens et au monde que nos armées étaient prêtes à répondre à un défi sécuritaire d'une dimension inédite. Dès le mois de mars 2023, l'état-major des armées a diffusé une directive stratégique de communication, mettant en exergue trois enjeux: la maîtrise du champ informationnel, l'adhésion de l'opinion publique française et la valorisation de la cohésion des armées. En interne, j'ai eu à cœur qu'ils soient partagés et surtout expliqués à tous les échelons pour garantir leur parfaite compréhension. Ces enjeux ont aussi façonné mon action au contact de nombreux interlocuteurs civils. Un chef a le devoir de communiquer, c'est un acte indissociable de l'exercice du commandement. Il doit s'exprimer avec la neutralité et la réserve exigées par l'état militaire, en restant à son niveau de responsabilité et en respectant les règles de confidentialité qu'impose toute opération.

UN NARRATIF CONFORTANT L'ENGAGEMENT DÉTERMINÉ DES ARMÉES

Consolider la confiance

Pour atteindre ces objectifs, il fallait asseoir l'image d'armées à la fois crédibles et professionnelles en démontrant la réelle plus-value apportée au dispositif interministériel de sécurité mis en œuvre par l'État. Les armées n'ont pas attendu les Jeux de Paris 2024 pour être tenues en haute estime et susciter l'adhésion. Les sondages soulignent depuis plusieurs années que la confiance que leur témoignent nos concitoyens est extrêmement élevée. Les valeurs associées aux militaires, telles que le courage, la rigueur et le sens aigu de l'engagement, contribuent à cette perception positive. Elles se sont exprimées lors des dernières crises survenues sur le territoire national, occasion pour les militaires de se mobiliser en portant assistance aux populations. Ce fut le cas lors de la pandémie de la Covid-19 à partir de 2020 et, plus récemment, à Mayotte frappée par le cyclone *Chido* en décembre 2024. Cette confiance oblige et nous invite en permanence à rechercher le plus haut niveau de performance en sortant des sentiers battus. C'est bien cette dynamique qui nous a guidés à l'occasion des Jeux, d'autant que le déploiement significatif des armées allait accroître la surface de contact avec la population, leur conférant ainsi une grande visibilité.

Convaincre de l'exemplarité de notre préparation

Les enjeux de communication ont été appréhendés très en amont afin de valoriser la capacité des armées à planifier un déploiement inédit de moyens militaires. La médiatisation des principaux jalons de montée en puissance a permis de valoriser plusieurs mois avant l'échéance le haut niveau de préparation.

L'exercice *Coubertin 2* en novembre 2023, qui était d'abord l'occasion de mettre à l'épreuve la gestion opérationnelle des JOP, comportait des séquences de prise de parole des chefs militaires devant les médias en réaction à des incidents sécuritaires scénarisés, en ayant préalablement pris soin de se coordonner avec les acteurs de la communication ministérielle. L'utilisation des réseaux sociaux a également été simulée.

Dès la fin de cet exercice, un point presse – bien réel, celui-ci – a été organisé par la Délégation à l'information et à la communication de la défense au siège du ministère des armées à Balard dans le 15e arrondissement. J'ai pu y exposer les premiers enseignements tirés de cette riche séquence. L'objectif était de convaincre du plein engagement des armées en appui des forces de sécurité intérieure, en démontrant que le travail de planification relevait de la même exigence que pour toute opération. J'ai également pris soin d'expliquer que le dialogue civilo-militaire permettait d'ajuster en permanence notre dispositif et d'optimiser l'emploi de nos moyens avec une grande réactivité. Par son réalisme et son dynamisme, l'exercice *Coubertin 2* a mis en exergue le sérieux de notre préparation à huit mois du début des Jeux, attestant ainsi du professionnalisme de toute l'équipe de commandement. Nous étions parfaitement dans les temps de passage de notre montée en puissance et cela devait être perçu par tous les observateurs.

Dans la même veine, un exercice *Coubertin LAD*[24] s'est tenu mi-mars 2024 sur la base aérienne 107 de Villacoublay (Yvelines), organisé par l'armée de l'air et de l'espace. Une séquence dédiée aux hautes autorités, à laquelle ont participé MM. Gabriel Attal, Premier ministre, et Sébastien Lecornu, a débuté par la présentation des différents centres opérationnels de lutte anti-drone, suivie de démonstrations pratiques d'interception de drones

24. LAD : lutte anti-drone.

malveillants, sous le regard des journalistes. Les avions et les hélicoptères dédiés à la sûreté aérienne ont également été mis en valeur. Un point média est venu conclure cette demi-journée.

De nombreuses séquences de communication ont été organisées dans les garnisons durant les mois et semaines précédant le déploiement des unités en Île-de-France, à l'initiative de la presse quotidienne régionale. Compte tenu de sa spécificité, la 27e brigade d'infanterie de montagne, donnant corps à la brigade olympique le temps des Jeux, a fait l'objet de plusieurs sollicitations. Le rythme n'a pas faibli à l'arrivée des troupes dans leurs zones de responsabilité, les reportages et articles soulignant la qualité de notre préparation et la détermination des militaires engagés. Ces actions, coordonnées par ma cellule communication en lien étroit avec celles de l'état-major des armées et du ministère des armées, ont également permis d'asseoir notre crédibilité, contribuant à dissuader les potentiels perturbateurs ou agresseurs.

Démontrer un haut niveau d'expertise

Dès la fin du mois de juin 2024, les premières missions en Île-de-France ont fait l'objet d'une attention soutenue des médias, intéressés par le caractère concret des déploiements d'équipements aussi modernes que diversifiés. C'est ainsi que les inspections de sécurité des sites, comme la construction puis l'inauguration le 5 juillet du camp « caporal Alain Mimoun », ont suscité un vif intérêt. J'ai d'ailleurs accueilli le Premier ministre lors d'une visite du camp le 1er août, en présence de nombreux journalistes. J'ai pu lui présenter les enjeux de stationnement de l'opération

Sentinelle JOP, avant un temps d'échanges avec des militaires installés sur site.

De même, le bataillon Ivry-Charenton a constitué un pôle d'attraction médiatique en raison de la sensibilité particulière de sa mission et de l'originalité des moyens déployés. Une séquence média a été organisée le 17 juillet, veille de l'activation de la zone protégée, mettant en relief la forte synergie de nos capacités dans un environnement multimilieux, ainsi que l'étroite coordination avec les forces de sécurité intérieure.

À l'occasion des visites presse, la mise au premier plan des chefs de terrain et des soldats a permis de souligner la forte cohésion des armées et l'enthousiasme des militaires déployés, fiers de contribuer à la réussite d'un tel évènement, d'expliquer leur mission et de présenter leurs équipements. Ils sont d'expérience de remarquables ambassadeurs, leur spontanéité et leur générosité étant immédiatement perceptibles.

Outre les aspects sécuritaires, plusieurs actions de communication ont mis en valeur le bataillon de cérémonie responsable de la montée des drapeaux, dans les phases d'entraînement comme d'exécution des cérémonies des Victoires. Elles ont aussi été l'occasion de faire rayonner le sport militaire et l'*Armée de Champions*, partie intégrante de la délégation olympique et paralympique française.

Le haut niveau d'expertise de tout le personnel du ministère des armées ayant contribué à la réussite des Jeux olympiques et paralympiques de Paris a été mis en lumière lors d'une cérémonie militaire le 9 septembre 2024 sur l'esplanade du Trocadéro. La présence majestueuse de la tour Eiffel en arrière-plan, parée des anneaux olympiques, accentuait la solennité des troupes en armes. Présidée par le ministre des armées, cette cérémonie suivie par les médias fut l'occasion, en présence de nombreuses autorités civiles et militaires, de valoriser la mobilisation exemplaire de l'ensemble des armées, directions et services et de procéder à des remises de décorations à des acteurs particulièrement méritants.

LE POIDS DES SYMBOLES FÉDÉRATEURS

L'Hôtel national des Invalides représente à mes yeux l'un des sites les plus emblématiques de notre pays. Ce monument historique de renommée mondiale regorge en effet de symboles qui inspirent. Patrimoine confié au ministère des armées, il se caractérise par sa puissance architecturale, sa dimension interministérielle et la diversité de ses vocations : reconnaissance des serviteurs d'hier et d'aujourd'hui avec l'Institution nationale des Invalides et l'église du Dôme, panthéon des gloires militaires où se trouve le tombeau de l'empereur Napoléon Ier ; mémorielle et culturelle avec trois prestigieux musées[25] ; cultuelle avec la cathédrale Saint-Louis des Invalides, église des soldats et de l'évêque du diocèse aux armées. En outre, sa cour d'honneur constitue le cœur battant du cérémonial militaire français. Elle

25. Musée de l'Armée, musée des Plans-Reliefs et musée de l'Ordre de la Libération.

accueille les hommages nationaux rendus aux grands personnages de l'État et aux militaires « morts pour la France » en opération extérieure. Point naturel de ralliement, ce site a été choisi pour un relais de la Flamme paralympique le 28 août 2024, à quelques heures du début de la cérémonie d'ouverture des Jeux paralympiques. Un pensionnaire de l'Institution nationale des Invalides a eu l'honneur d'être un des porteurs de la Flamme, suscitant l'admiration du public venu en masse.

Les nombreux symboles olympiques, familiers de tous depuis plus d'un siècle, ont un écho particulier au sein de la communauté militaire dont le large socle de valeurs forge les traditions et la fraternité d'armes des unités. C'est probablement ce qui a conduit les armées à manifester autant d'énergie et de générosité lors des JOP de Paris, aussi bien dans la sécurisation de l'évènement que dans la quête de performance sportive.

C'est pourquoi nous avons souhaité concrétiser l'appartenance de toutes les unités à l'opération Sentinelle JOP en faisant réaliser un écusson de manche dédié à cet évènement historique. Ce qui peut paraître une démarche anodine a revêtu en réalité une grande signification. En effet, si le port du même uniforme quels que soient son grade et sa spécialité est en soi fédérateur, il est d'usage que chaque opération ait son signe distinctif porté fièrement sur la tenue. Nous n'avons bien sûr pas dérogé à cette pratique très prisée lors du défilé du 14 Juillet. C'est une manière pour les militaires concernés de s'approprier la mission à laquelle ils vont participer, en un mot d'en faire « leur » mission. Ces symboles apportent un supplément d'âme qui est au cœur de l'esprit militaire.

Je note que ce pouvoir fédérateur d'un attribut vestimentaire vaut également dans l'entreprise. Lors d'une soirée caritative que nous avions organisée aux Invalides au printemps 2023 sur le thème « Esprit d'entreprise, esprit d'équipe et esprit de corps », j'avais été sensible au témoignage d'un haut dirigeant de l'entreprise DECATHLON nous expliquant la fierté que ressentaient les collaborateurs à porter leur chasuble bleue dans les magasins, marqueur visible des valeurs collectives de leur société.

Dans un autre registre, le baptême du camp « caporal Alain Mimoun » illustre une volonté d'incarner et de donner du sens. La figure emblématique de ce champion d'exception ayant combattu durant la Seconde Guerre mondiale avait vocation à inspirer les jeunes militaires déployés sur ce site, tout en contribuant à son rayonnement auprès des autorités civiles, des médias et du grand public. Cette emprise militaire de circonstance, remarquable à bien des égards, n'aurait pas eu la même visibilité si elle avait porté le nom de « camp militaire de la pelouse de Reuilly ».

L'importance des symboles est fondamentale dans la conduite d'un projet car ils suscitent l'attention des collaborateurs et des observateurs, renforcent l'appartenance à un groupe et permettent de forger un collectif.

Cette stratégie globale de communication, anticipée et maîtrisée de bout en bout, a directement contribué à l'atteinte de l'état final recherché. Elle s'est traduite par la présence au sein de mon centre opérationnel d'une cellule permanente de veille médiatique permettant une synthèse lors des points de situation journaliers. Nous détenions aussi la capacité de conduire des actions de communication ciblées pour valoriser des missions particulières, tout en gérant une situation de crise si les évènements l'imposaient. La maîtrise de l'environnement informationnel a permis de convaincre que nous étions prêts et déterminés afin de rassurer et de dissuader, soulignant aussi l'esprit pionnier qui nous animait. La mise en avant de l'engagement significatif des armées a également renforcé l'adhésion de l'opinion publique et de nos élus, convaincus de l'efficacité des nombreux moyens mobilisés sur le territoire national, sans remettre en cause la capacité des armées à intervenir en France ou à l'étranger. Enfin, l'intérêt jamais démenti des médias a mis en évidence la cohésion des armées, tout autant que la fierté de chaque militaire à contribuer à la réussite des Jeux.

Ainsi, une communication conçue et pilotée à haut niveau, appuyée par un socle narratif fort et impactant, constitue un puissant levier pour accomplir une mission complexe.

- Chapitre 7 -

LA FORCE DU COLLECTIF, VÉRITABLE LEVIER D'ACTION

La force du collectif constitue un incomparable levier d'action au moment de relever un défi d'envergure. Elle fédère et transcende l'individu qui représente la richesse de toute organisation.

LE SUCCÈS SE CONJUGUE TOUJOURS AU PLURIEL

Chacun connaît le dicton populaire « Tout seul on va plus vite, ensemble on va plus loin » qui souligne l'importance de la solidarité et de la cohésion de tous les membres d'une équipe pour atteindre un objectif commun. Cela est rendu possible par la force du collectif qui se dégage naturellement lorsque des individus travaillent ensemble, plutôt que de façon isolée. Le partage des idées, des compétences et des efforts permet d'atteindre des objectifs plus grands, de surmonter des défis plus complexes et de générer des résultats supérieurs à ceux qu'un individu pourrait obtenir seul.

La fraternité d'armes au cœur de l'engagement militaire

Se nourrir de la dynamique collective est un impératif en raison de la singularité et de la finalité des armées. En effet, « l'état militaire exige en toute circonstance esprit de sacrifice, pouvant aller jusqu'au sacrifice suprême, discipline, disponibilité, loyalisme et neutralité. Les devoirs qu'il comporte et les sujétions qu'il implique méritent le respect des citoyens et la considération de la Nation[26] ».

Assurer la défense de la patrie et les intérêts supérieurs de la Nation par l'emploi légitime de la force des armes est une mission extrêmement honorable. Cette responsabilité et cette exigence sont lourdes à porter à l'échelle d'un individu, aussi fort et résilient soit-il. C'est donc le collectif qui permet de se surpasser en donnant à chacun le supplément d'âme pour emporter la décision quelles que soient les circonstances. Dans les armées, le collectif se nourrit de la fraternité d'armes et, au sein des unités, de l'esprit de corps.

Comme l'affirme avec justesse le général d'armée Pierre Schill, « la fraternité d'armes est une singularité militaire car elle procède d'une finalité guerrière[27] ». Elle est d'autant plus forte et profonde que les engagements opérationnels sont exigeants et l'expérience humaine éprouvante. Elle a un pouvoir galvanisant, renforçant les liens de camaraderie et d'entraide tout en

---

26. Statut général des militaires.
27. « On ne choisit pas ses frères », *Inflexions*, n° 58, 2025.

diffusant énergie et motivation. Le groupe étant toujours plus fort que les différentes sensibilités qui le composent, elle forge le sentiment d'appartenance à une communauté qui protège et invite à se transcender. Elle repose sur un respect mutuel, une confiance absolue en son frère d'armes et un engagement à le soutenir et à le protéger, si besoin au péril de sa vie. Elle permet aux plus forts d'être inspirants et aux plus faibles de progresser. La fraternité d'armes perd de son sens si elle n'est pas pratiquée quotidiennement. Et, comme tout bien précieux, elle doit en permanence faire l'objet de toutes les attentions.

La fraternité d'armes se vit au sein d'une communauté qui dépasse le seul périmètre des militaires d'active, incluant les réservistes opérationnels et les agents civils de la défense qui contribuent directement à l'efficacité opérationnelle des armées. Cette fraternité d'*armes* se décline en fraternité d'*âmes* lorsque sont associés les conjoints et les enfants, les anciens qui inspirent respect et reconnaissance, les blessés et les familles endeuillées qui méritent un indéfectible soutien. Tous ont leur place, personne ne doit rester au bord du chemin.

N'oublions pas enfin que la fraternité façonne, avec la liberté et l'égalité, notre devise républicaine avec tout ce que cela emporte de symboles et d'engagements pour l'ensemble de nos concitoyens. Dans une société où l'individualisme progresse, chacun doit pouvoir manifester sa fraternité pour le bien commun. C'est le message porté par les armées françaises qui sont à la fois un outil qui délivre des effets militaires en cohérence avec les contrats opérationnels qui leur sont fixés, et une communauté humaine porteuse de valeurs refuges qui ont vocation à inspirer une jeunesse en quête de repères et de dépassement.

Si la fraternité d'armes désigne le lien indéfectible qui unit les membres d'une même communauté[28] militaire, l'esprit de corps est intimement lié à la fierté d'appartenir à une unité. C'est un sentiment collectif qui reflète une identité commune, forgée par l'histoire, les traditions, les valeurs et la discipline. Il s'exprime dans la vie quotidienne à travers les cérémonies militaires et les symboles qui y sont rattachés comme le drapeau de l'unité dans les plis duquel figure la liste des batailles, la devise, les chants ou encore les marqueurs vestimentaires comme une fourragère ou une coiffe.

Dans l'entreprise, les notions de fraternité d'armes et d'esprit de corps, si elles trouvent une expression différente, sont aussi une réalité – pour ne pas dire une nécessité – notamment dans la conduite de projets complexes ou dans la mobilisation face aux épreuves. Elles constituent la matrice d'une solidarité et d'une confiance mutuelle au sein des équipes, invitant chacun à mettre de côté son intérêt personnel.

---

28. À titre d'illustration, l'armée de terre s'est dotée d'un solide corpus de textes qui constituent des références en matière d'exercice du commandement et du métier des armes, de traditions, d'esprit de corps, de valeurs éthiques et de comportement.

Les écoles militaires, cadre où se forge la culture du collectif

Rentré à 15 ans au lycée militaire d'Aix-en-Provence, j'y ai fait l'apprentissage de la vie en internat hors du foyer familial. Fidèle à sa devise « Bien s'instruire pour mieux servir », cet établissement se caractérise depuis des décennies par l'excellence académique et comportementale, permettant de suivre dans de remarquables conditions l'enseignement dispensé à partir de la classe de seconde jusqu'aux classes préparatoires aux concours des grandes écoles d'officiers, regroupées au sein de la « corniche Lyautey ». C'est un environnement qui donne la primauté au collectif : durant cinq ans, j'ai eu la chance de côtoyer des professeurs de l'Éducation nationale engagés et compétents ainsi que des cadres militaires passionnés par leur rôle d'éducateur. Ces personnes généreuses, attentionnées et exemplaires ont directement contribué au développement personnel des élèves, à l'apprentissage de la vie de groupe et à la sensibilisation à ce que représente le métier des armes. Elles ont profondément inspiré les adolescents puis les jeunes adultes que nous étions. Si la finalité première reste la réussite scolaire, chacun doit faire face à des exigences accrues, s'adapter à de nouveaux repères et participer activement au vivre-ensemble. En cela, l'émulation créée par la préparation du concours de Saint-Cyr reste un souvenir particulièrement fort. Elle illustre la puissance d'interactions collectives saines et vertueuses qui dépassent le simple stade de la compétition.

Véritable école de la vie, nos lycées militaires offrent un cadre structuré qui donne des repères précieux pour la suite, inculquant notamment l'importance du travail d'équipe, le goût de l'effort et le respect des valeurs humaines. Une quarantaine d'années plus tard, je mesure à quel point cette période a été déterminante dans mon parcours d'officier mais aussi dans ma vie d'homme.

Cette conviction d'appartenir à une communauté unie par les mêmes valeurs s'est affermie à l'École spéciale militaire de Saint-Cyr que j'ai rejointe en 1985. L'engagement désintéressé au service de son pays constitue le dénominateur commun de tous les élèves-officiers. L'individu s'enrichit par le groupe, et ce dernier se construit par l'investissement de chacun. Fraternité d'armes et collectif répondent à des vocations très protectrices, qui permettent de concentrer et de libérer – en un sens de propager – les énergies de chacun.

Depuis ces premières années en milieu militaire, j'ai toujours considéré que la fierté d'avoir réussi sa mission était bien plus forte quand l'objectif était atteint ensemble.

Créer un collectif cohérent

À l'occasion de la génération de la force Sentinelle JOP, je n'ai pas choisi les unités engagées ni les chefs qui les commandaient. Mais cela n'a posé aucune difficulté, dans la mesure où les troupes mobilisées comme leurs chefs étaient déjà coutumiers de la plupart des missions confiées aux armées sur le territoire national. Nous disposions par ailleurs du temps nécessaire pour bien nous préparer au contexte particulier de ces olympiades, la quasi-totalité des unités ayant été désignées à la sortie de l'été 2023. Cela a notamment permis de réaliser l'exercice *Coubertin 2* avec les chefs engagés huit mois plus tard, et par conséquent de commencer à forger la cohésion d'une force qui allait s'avérer inédite par sa taille et la diversité de ses missions.

L'importance du premier cercle

Afin de doter cet immense collectif d'une solide colonne vertébrale, j'ai choisi de concentrer mes efforts sur la connaissance approfondie de l'équipe de commandement de l'opération. Concrètement, il a fallu rapprocher mon premier cercle traditionnel, composé de mes deux officiers généraux adjoints et d'une demi-douzaine de colonels de mon état-major, du général à la tête de la brigade olympique et ses adjoints qui venaient nous renforcer. La dizaine de colonels commandant les unités sur le terrain, en contrôle de zone ou en missions spécialisées, complétait ce cénacle.

Ces officiers ont représenté le cœur battant de l'opération Sentinelle JOP, en phase de préparation comme lors des Jeux. J'ai pris soin de les connaître et de consacrer le temps nécessaire à leur expliquer l'esprit et la lettre de la mission qui nous était confiée. Mes généraux adjoints et moi les avons accompagnés dans la rédaction des ordres en les associant très en amont au processus décisionnel.

Au cours des mois qui ont suivi l'exercice *Coubertin 2*, la connaissance mutuelle et la confiance instaurée ont fluidifié la finalisation de notre montée en régime. Cela s'est notamment concrétisé par un premier séminaire de commandement en visioconférence en mai, puis un second tous ensemble en juin dès l'arrivée dans la zone d'opération, suivi d'un moment de convivialité propice au renforcement de la cohésion.

De la même manière, j'ai souhaité créer une communauté d'officiers généraux en charge des JOP, composée des trois précédemment évoqués et de deux généraux[29] totalement mobilisés sur cet évènement. Réunis en visioconférence tous les quinze jours à partir de janvier 2024, je leur avais amicalement attribué le nom de « Club des cinq ». Exemplaires dans leur engagement et leur état d'esprit, ils ont constitué la colonne vertébrale de notre montée en puissance. Je leur voue une profonde reconnaissance.

L'importance du premier cercle dans la conduite d'un projet complexe n'est plus à démontrer. S'il peut être confortable et rassurant de choisir le personnel qui le compose, le point crucial reste d'avoir à ses côtés des cadres compétents, loyaux et combatifs qui sont imprégnés de l'état final recherché et capables de se sublimer pour l'atteindre. Ils doivent être l'ombre portée du chef sans en être le clone, la diversité des profils étant toujours source de richesse. Nous portons tous l'uniforme mais il ne s'agit en aucun cas de l'être. De surcroît, il y a toujours plus d'intelligence dans plusieurs cerveaux que dans un, fût-il celui du chef. Pour en tirer la quintessence, il faut instaurer un niveau de confiance qui favorise la créativité, permettant d'exprimer

---

29. Le général de division aérienne Bruno Foussard, directeur de projet JOP de l'état-major des armées, et le général de brigade Jean-Michel Meunier, commandant l'état-major interarmées du territoire national métropolitain.

ses positions avec franchise et sans tabou, ce qui est tout le contraire de la courtisanerie qui conduit à dire à son chef ce qu'il a envie d'entendre : cette attitude de complaisance servile, forme de paresse intellectuelle, est à bannir avec force sous peine d'échouer dans sa mission.

Si le premier cercle s'apparente au cerveau qui conçoit, oriente et ordonne, certaines personnes portent le souffle vital qui permet d'agir. Tous les hauts dirigeants mesurent l'importance des proches collaborateurs qui gravitent autour d'eux. Faisant preuve d'une absolue discrétion, ils côtoient l'intimité du chef dont ils connaissent les qualités et les défauts. Dignes de la plus haute confiance, ils ont en commun de répondre à ses attentes avant qu'il ne les exprime. C'est d'ailleurs en leur absence qu'on prend vraiment conscience de leur influence. Au cours des quatre années comme gouverneur militaire de Paris, j'ai eu la chance d'avoir à mes côtés une équipe resserrée à l'énergie débordante, composée de personnalités attachantes. Conservant en toutes circonstances leur enthousiasme, ces personnes de devoir m'ont permis de me consacrer exclusivement à la mission, ce qui est ô combien appréciable quand le temps est compté. Je veux rendre hommage à leur dévouement et à leur abnégation.

Pour être totalement exhaustif, l'environnement immédiat comprend naturellement ses proches et en premier lieu son conjoint. Je tiens à souligner le rôle crucial joué par mon épouse durant les mois de préparation et l'été 2024. Son écoute discrète et attentive, sa disponibilité constante, ses précieux conseils et son indéfectible soutien m'ont permis d'accorder une priorité absolue à la montée en puissance puis au commandement de l'opération Sentinelle JOP. De même, sa présence à mes côtés lors des plans hommages aux Invalides a apporté un supplément d'âme dans l'accompagnement des familles endeuillées. Les choses sont ainsi faites qu'une épouse, qui est aussi une mère, sait trouver les mots qu'une autorité militaire en uniforme ne peut formuler avec la même humanité, quelle que soit l'attention portée.

Une autre priorité fut de forger la cohésion de l'ensemble de la force Sentinelle JOP, sous l'impulsion des généraux et surtout des colonels chefs de groupement et de bataillon. La grande diversité des unités de l'armée de terre déployées, traditionnelle lors des opérations sur les théâtres extérieurs, n'a pas été un frein au développement d'un esprit JOP. Celui-ci s'est construit sur la fraternité d'armes qui unit tous les militaires, mais aussi sur l'esprit de corps spécifique à chaque unité, qui sert de ciment pour consolider la force du collectif.

RENFORCER LE SENTIMENT D'APPARTENANCE

La fierté de participer à l'opération Sentinelle JOP

La singularité et la notoriété des Jeux ont assurément facilité l'appropriation des enjeux à tous les niveaux de responsabilité. J'ai en effet perçu dès l'exercice *Coubertin 2* en novembre 2023 l'enthousiasme, la motivation et la fierté de ceux qui savaient déjà qu'ils seraient déployés. Ils avaient pris la mesure de l'évènement et certains manifestaient des premiers signes d'impatience. Cet état d'esprit ne s'est jamais démenti, la dynamique restant perceptible jusqu'à la cérémonie d'ouverture du 26 juillet et tout au long de l'été.

Il faut reconnaître que la mission de sécurisation des JOP de Paris 2024, c'est-à-dire de « nos » Jeux, portait en son sein un fort pouvoir d'attractivité qui a facilité la mobilisation de tous, d'autant que les militaires aiment le sport et s'adonnent avec rigueur et constance à de nombreuses activités physiques. Tous les soldats mobilisés ont eu d'emblée la pleine conscience de vivre une opération unique qui ne pouvait être qu'un succès. Leurs qualités professionnelles et leur haut niveau de préparation ont permis de passer de l'intention aux actes.

Les unités sont arrivées en Île-de-France avec la ferme intention de briller, comme c'est le cas chaque année lors du défilé du 14 Juillet. Les opérations de relations publiques organisées l'après-midi dans plusieurs sites de la capitale offrent un moment privilégié. Les militaires présents ont à cœur de témoigner de leur engagement au service de notre pays et de présenter leurs équipements, notamment les plus modernes. Pour les Français, cela matérialise concrètement les efforts consentis dans l'outil de défense. L'esprit de corps qui caractérise chaque unité est mis en exergue à ces occasions. S'agissant des JOP, cet esprit de corps a permis aux unités de se concentrer collectivement sur la mission et de chercher d'emblée à marquer leurs interlocuteurs de leur empreinte.

La «condition du personnel en opération»

Cette notion consiste à mettre les unités dans les meilleures conditions de réalisation de la mission. Elle n'a d'autre finalité que l'amélioration de leur efficacité opérationnelle. Il faut bien mesurer ce que signifie patrouiller dans les rues de Paris; concrètement, les militaires parcourent à pied de l'ordre de vingt kilomètres par jour avec vingt kilogrammes d'équipement dont leurs armes et munitions. Les jours de mission couvrent des amplitudes horaires dépassant régulièrement la quinzaine d'heures. C'est dire s'il faut que les conditions de vie et de récupération soient parfaitement adaptées pour tenir dans la durée, conserver toute la lucidité et éviter les accidents.

La condition du personnel en opération n'est donc pas un luxe; elle participe de l'attention portée à la troupe. Elle favorise l'appropriation et l'adhésion à la mission du personnel qui en bénéficie.

À l'occasion des JOP, un effort important a été consenti en matière de condition du personnel en anticipant les besoins. En effet, j'ai tiré comme enseignements de mon déplacement à Londres en novembre 2022 que l'engagement massif des armées britanniques, dont une partie dans des missions de substitution des acteurs de sécurité privée, avait fait l'objet de la part des autorités civiles et militaires d'une attention particulière; cela était d'autant plus nécessaire que de nombreuses unités déployées sur un court préavis étaient récemment rentrées d'Afghanistan et d'Irak, sans toujours avoir eu la possibilité de se régénérer.

En pratique, le personnel militaire mobilisé pendant les Jeux de Londres s'est vu proposer des billets d'accès aux sites de compétition, certains étant même disponibles pour les familles lors des épreuves paralympiques. Les militaires britanniques ont aussi bénéficié de la gratuité des transports londoniens durant cette période. Fort de ce constat, des besoins comparables ont été exprimés par les armées. Nous avons obtenu gain de cause pour les transports franciliens grâce à l'action de Mme Valérie Pécresse, présidente de la région Île-de-France. En revanche, un nombre restreint de places gratuites a été délivré pour les épreuves olympiques et paralympiques. Par ailleurs, chaque militaire a reçu à son arrivée en Île-de-France un kit d'accueil regroupant un livret d'informations, quelques ustensiles pratiques de campement et une place de cinéma par tranche de quinze jours de mandat. La générosité de plusieurs partenaires a permis l'accès à des salles de spectacle et à des grands monuments parisiens.

De manière plus indirecte, d'importants travaux de rénovation ont été réalisés dans les locaux de vie qui le nécessitaient, tout en assumant des conditions de confort rustiques en chambres collectives. Tous les espaces externalisés, tentes ou dortoirs, ont bénéficié de climatiseurs afin d'assurer un repos de qualité.

Essentielle pour atteindre les objectifs assignés, à l'occasion d'une opération militaire comme dans la conduite d'un projet complexe en entreprise, la force du collectif constitue un irremplaçable levier d'action et de réussite, aussi bien pour la productivité que pour l'épanouissement des collaborateurs. Elle transforme un groupe d'individus en une équipe soudée, performante et résiliente. Une équipe dont la capacité d'innovation et de créativité est favorisée par l'envie de s'investir et de progresser.

- Chapitre 8 -

LA PLACE ET LE RÔLE DU CHEF, RÉFLEXIONS ET CONVICTIONS

Colonne vertébrale de toute organisation, les dirigeants exercent un rôle central qui requiert la plus grande attention en termes de sélection et de formation. C'est particulièrement vrai dans les armées qui ont érigé ces fonctions en axes stratégiques de leur politique de ressources humaines. La formation initiale des jeunes cadres embrassant le métier des armes, dispensée dans les écoles d'officiers et de sous-officiers, revêt une dimension essentielle car elle délivre un socle commun de valeurs, développe la cohésion et la fierté d'appartenance à une prestigieuse institution dont la finalité est noble, la défense de notre pays.

De même, la sélection continue a pour objectif de disposer en permanence d'un vivier de qualité afin de pourvoir les postes de responsabilités à tous les niveaux. Les enjeux d'attractivité sont majeurs dans la mesure où les chefs militaires sont recrutés au sein d'une jeunesse qu'il convient de conquérir dans un environnement de plus en plus concurrentiel. Les enjeux de fidélisation le sont tout autant car les femmes et les hommes servant dans les armées représentent un bien inestimable. Dans ce contexte, le comportement des chefs dans l'exercice de leurs fonctions est une des clés du succès. C'est pourquoi j'ai souhaité partager quelques convictions forgées tout au long de mon parcours.

LA JEUNESSE, VIVIER CONSUBSTANTIEL À L'ÉTAT MILITAIRE

Une jeunesse généreuse et engagée

Aujourd'hui, les armées puisent leur force dans une jeunesse qui est à l'image de notre époque et de notre société. Confrontée à un monde globalisé marqué par la superposition des crises et des ruptures dans les champs géopolitique, sociétal, économique, technologique et environnemental, il appartient aux générations précédentes de la comprendre en valorisant ses qualités et en s'adaptant à ses vulnérabilités. Exigeante, volatile, impatiente et connectée, elle aspire à une forte considération, soucieuse d'un équilibre entre vie professionnelle et vie privée. Elle éprouve autant un fort besoin de réalisation qu'elle revendique ses idéaux. Cela étant, elle est généreuse et engagée si elle comprend ce qu'on lui demande. J'ai la conviction qu'elle a besoin d'un cadre et d'inspiration pour se mobiliser.

Il s'agit d'une question existentielle pour les armées car « l'homme est l'instrument premier du combat[30] ». Selon le même principe qui veut que la ressource humaine constitue la plus grande richesse de toute entreprise, tout dirigeant doit se poser

30. Colonel Charles Ardent du Picq, *Études sur le combat*, 1880.

la question de ce qui conduit une personne à rejoindre sa société plutôt que la concurrence. Les motivations de la jeunesse sont diverses mais ses attentes restent fortes. Elle est capable de se dévouer à de grandes causes. Nous l'avons vue se présenter spontanément dans les centres de recrutement des armées au lendemain des attaques terroristes qui ont frappé la France en 2015.

Les raisons de l'engagement dans nos rangs sont plurielles : besoin de donner du sens à sa vie, volonté de s'émanciper en quittant le giron familial, soif d'aventure ou de dépassement de soi, mimétisme par rapport à un proche ou une connaissance qui a déjà fait le pas, ou tout simplement recherche d'un premier emploi. Cet engagement repose souvent sur des réalités espérées ou fantasmées du métier militaire, même chez ceux qui ont une vraie appétence, voire une vocation.

Il existe donc un écart important entre le jeune qui se présente à nous et le soldat professionnel que nous allons en faire. Pour autant, les armées françaises n'ont pas pour tradition de « déconstruire » l'individu pour faire un combattant. Au contraire, elles ont toujours pris soin de forger leurs soldats avec le meilleur de ce qu'elles pouvaient tirer du citoyen. Cette approche permet aujourd'hui d'avoir sous les drapeaux des femmes et des hommes qui servent avec fierté, animés d'un esprit de dévouement – voire de sacrifice – qui force le respect.

Appartenir à la communauté militaire

En 1980, c'est ce désir profond de servir qui m'a conduit à rejoindre le lycée militaire d'Aix-en-Provence en classe de seconde. C'est là que j'ai découvert ce que représentait le milieu militaire et ses corollaires : la vie en collectivité, le goût de l'effort et le respect des autres. C'est également là que j'ai acquis la certitude de vouloir consacrer ma vie au service de mon pays comme officier de l'armée de terre.

En effet, ma vocation militaire n'a pas trouvé naissance dans ma tendre enfance à la faveur d'un environnement qui m'y prédestinait : personne dans ma famille n'avait fait carrière dans les armées. Pour autant, mon grand-père paternel et mon père avaient été appelés sous les drapeaux, le premier comme soldat de 2e classe lors de la Seconde Guerre mondiale, le second comme sergent durant la guerre d'Algérie. Des hommes simples et de devoir qui ont su répondre présents lorsque les circonstances l'imposaient. Mon grand-père Fernand avait été capturé en juin 1940 et envoyé avec plusieurs milliers de soldats français au camp de prisonniers de guerre de Moosburg en Bavière (Allemagne). Il fut libéré fin avril 1945 par les forces américaines, quelques jours avant la capitulation nazie. Il dut attendre cinq ans avant de faire la connaissance de son fils, né le 1er mai 1940, le cadet de ses trois enfants. Craignant de ne plus revoir son mari, ma grand-mère avait décidé de donner à son fils le même prénom. Mon père Fernand a également fait son devoir en rejoignant l'Algérie en janvier 1961. Promu sergent en juillet, il ne rentra chez lui que quinze mois plus tard, fin juin 1962, quelques jours avant la reconnaissance par la France de l'indépendance de l'Algérie.

Tous deux ont été extrêmement marqués par leur expérience militaire mais ils ont toujours fait preuve de discrétion sur ce qu'ils avaient vécu. Ils incarnent ces générations de soldats anonymes qui ont fait à travers les siècles la grandeur des armées françaises : des personnes qui croyaient profondément au principe de méritocratie pour ceux qui ont la volonté de s'élever par l'effort. Ils ont contribué à l'intérêt que j'ai porté très jeune à la communauté militaire et m'ont toujours guidé par leur exemple.

SÉLECTIONNER ET FORMER LES CHEFS

Façonner un encadrement d'excellence

Pour des armées professionnelles engagées régulièrement en opération, l'enjeu de recrutement et donc d'attractivité est stratégique, tout comme celui de la fidélisation une fois le personnel dans nos rangs. Les armées redoublent d'énergie et d'imagination pour attirer une jeunesse de qualité destinée à occuper les postes d'encadrement.

La formation dans les armées délivre de riches savoir-*faire*, permettant de répondre aux besoins d'expertise et aux attentes de réalisation professionnelle. Elles proposent des parcours d'officiers et de sous-officiers dans de très nombreux domaines, au sein de forces combattantes comme dans des fonctions d'environnement et de soutien qui concourent directement à l'efficacité opérationnelle. La haute technologie irriguant nos armées, les métiers embrassent des domaines comme le numérique, la cyberdéfense, le nucléaire, l'aéronautique ou encore la logistique. Elles ont opéré le tournant majeur de l'intelligence artificielle[31] qui transforme déjà le champ de bataille. Ces parcours professionnels s'adressent à un large spectre de profils, le principe cardinal étant qu'un militaire qui a de l'envie et du talent doit progresser.

La formation dans les armées délivre aussi des savoir-*être* qui sont tout aussi précieux car servir sous l'uniforme oblige tout militaire, quel que soit son grade. Cela nécessite de planter dans le cœur de ceux qui nous rejoignent les graines de l'amour de la patrie en leur inculquant aussi les valeurs fondamentales qui façonnent l'état militaire : le caractère sacré de la mission, le sens du collectif, la prise d'initiative, le dépassement de soi, la disponibilité, l'exemplarité, la loyauté.

Par ailleurs, notre outil de formation répond aux besoins de polyvalence et de réactivité de nos armées dans un monde en profonde mutation, faisant de l'adaptation permanente la clé du succès pour disposer de chefs capables d'emporter la décision en cas d'affrontements de haute intensité. Éprouvé sur les différents théâtres d'opérations, cet outil est largement reconnu par nos armées partenaires et par les grandes écoles de l'enseignement supérieur.

La formation agit aussi comme un puissant levier de promotion interne en valorisant l'expérience, les compétences acquises

31. L'Agence ministérielle de l'intelligence artificielle de défense a été créée le 1er mai 2024. Elle a pour mission d'accélérer le déploiement de l'IA au sein du ministère des armées pour permettre de gagner les guerres de demain.

et les potentiels, offrant de nombreuses opportunités sans que soit sacrifié l'impératif de sélectivité, d'équité et de qualité. Les armées utilisent à dessein le terme « escalier social » qui illustre l'effort à consentir pour s'élever. Ainsi, la moitié des officiers de l'armée de terre sont issus de la population des sous-officiers ou des militaires du rang[32] ; de même, près des deux tiers des sous-officiers proviennent du rang. Ces perspectives sont uniques au sein de la fonction publique et renforcent l'attractivité du métier des armes, tout en consolidant la force du collectif.

Les officiers, corps de direction des armées

La formation des officiers occupe une place prépondérante dans les armées, tout comme les processus qui permettent de les sélectionner. La complexité des engagements opérationnels impose de forger des chefs qui maîtrisent les savoir-faire propres à la planification et à la conduite des opérations militaires, qui soient résilients physiquement et moralement, et qui disposent d'un socle robuste de valeurs éthiques. Le discernement en situation dégradée, la hauteur de vue, le souci permanent de l'anticipation, la capacité à décider dans l'incertitude et à temps ainsi que la prise d'initiative restent au cœur de leur formation.

L'investissement dans la formation des officiers est particulièrement important car les armées doivent constituer le vivier

32. Des dispositions de sélection permettent aux meilleurs des militaires du rang, détenant le niveau de diplôme académique requis, de devenir directement officiers.

des futurs décideurs. En effet, ceux qui occupent les postes de responsabilités les plus élevés sont recrutés trente à quarante ans plus tôt. L'institution militaire n'a pas droit à l'erreur dans la mesure où il n'y a pas de recrutement latéral : un général a forcément été un jeune lieutenant.

La compétence est fondamentale mais la légitimité l'est encore davantage, construite non pas sur les seuls diplômes, mais sur une sélection continue et des mises en situation opérationnelle régulières pour sortir les tout meilleurs de leur zone de confort. Il est en effet essentiel de confronter les officiers à très haut potentiel à des expériences plurielles pour qu'ils deviennent à la fois des chefs militaires et des cadres dirigeants comprenant la complexité d'environnements interarmées, interministériels ou internationaux.

Les sous-officiers, clé de voûte des armées

Les sous-officiers font également l'objet de toutes les attentions car ils sont les cadres de contact indispensables au bon fonctionnement des unités, tout en honorant les besoins toujours croissants en techniciens supérieurs. Lorsque j'étais au lycée militaire d'Aix-en-Provence, mes premiers chefs ont été des sous-officiers dont je me souviens encore aujourd'hui. Je pense en particulier aux adjudants-chefs Hugues Roger et Guy Mouriesse, nos moniteurs de sport, ou encore au major Michel Verniol, notre chef de section en classes préparatoires. Ils incarnaient cette exemplarité et cette humilité dont tout vrai chef doit se prévaloir. À la fois exigeants et bienveillants, impressionnants physiquement, ces sous-officiers supérieurs expérimentés ont assumé avec passion et désintéressement leur rôle d'éducateur.

Les premières figures emblématiques

Si ce sont quelques sous-officiers qui m'ont laissé une forte impression en lycée militaire, c'est à l'École spéciale militaire de Saint-Cyr, au sein de ma promotion « Cadets de la France Libre[33] » que j'ai été marqué, comme mes camarades, par la personnalité de notre commandant de bataillon, le lieutenant-colonel Jean-Louis Georgelin. Chef au caractère bien trempé, il frappait les esprits par sa voix puissante et son physique imposant. Combattant la médiocrité, il faisait montre d'une forte exigence, soucieux de nous transmettre les clés du succès du parcours d'un officier. Même si cela ne se voyait pas au premier abord, il savait manifester une profonde humanité quand les circonstances l'exigeaient. Nous avons suivi avec beaucoup d'attention son brillant parcours militaire, le conduisant comme officier général aux postes prestigieux de chef d'état-major particulier du Président de la République puis de chef d'état-major des armées. Après avoir été grand chancelier de la Légion d'honneur, il fut chargé par le chef de l'État de superviser la restauration de la cathédrale Notre-Dame de Paris. Sa disparition accidentelle le 18 août 2023 ne lui permit pas d'aller au bout de sa mission. Tout au long de notre parcours, le général d'armée Georgelin a témoigné à ses anciens élèves une absolue fidélité. Il nous a laissé en

33. Les « Cadets de la France Libre » étaient les jeunes volontaires français ayant répondu à l'appel du général de Gaulle en juin 1940.

héritage l'exemple d'un chef ayant consacré toute son existence à l'institution militaire et au service de la France.

Dès le début de ma carrière militaire, deux figures historiques avaient déjà, par la richesse et la profondeur de leurs ouvrages[34], constitué une source d'inspiration pour forger mon identité de jeune chef et guider mon action : le maréchal Hubert Lyautey qui a donné son nom à la corniche des classes préparatoires à Aix-en-Provence et le général Charles de Gaulle, étroitement lié au nom de ma promotion de Saint-Cyr.

Chef de corps, la quintessence du commandement

Au sein des régiments, en état-major opérationnel et dans des organismes centraux de niveau stratégique, j'ai eu l'opportunité d'occuper des postes de responsabilités croissantes au contact de chefs exigeants et inspirants.

La période la plus intense fut incontestablement le commandement d'un régiment des forces en qualité de colonel. En 2006, j'ai été nommé à la tête du 31e régiment du génie à Castelsarrasin (Tarn-et-Garonne), pour deux ans. Cette unité au passé glorieux, fière de sa devise « Ouvrir la route », est l'héritière du 31e bataillon du génie créé en 1920 à Port-Lyautey[35]

34. Notamment *Le rôle social de l'officier* du maréchal Lyautey, paru en 1891, ainsi que *Le fil de l'épée* et *Vers l'armée de métier* du général de Gaulle, parus respectivement en 1932 et 1934.
35. Aujourd'hui la ville de Kénitra.

au Maroc, du temps du protectorat français dont Lyautey fut le résident général.

Cette période de chef de corps, courte et intense, incarne la plénitude du commandement pour tout officier des armes. Structure opérationnelle robuste et cohérente, le régiment est un échelon de référence de l'armée de terre. Il est aussi le creuset des forces morales, porteur d'identité et de traditions. Ancré dans les territoires comme dans l'histoire de notre pays, il incarne le lien étroit entre la Nation et ses armées. Commander un régiment représente un immense honneur qui impose un engagement total.

S'enrichir en sortant de son environnement

En marge de mon parcours militaire qui s'apparente à celui des officiers de ma génération, deux affectations hors du ministère des armées m'ont permis de m'enrichir en découvrant de nouveaux environnements. Ces expériences m'ont toujours imposé une remise en question mais elles se sont avérées précieuses dans l'exercice de mes responsabilités de gouverneur militaire de Paris.

La première est ma scolarité à l'École nationale supérieure des mines de Nancy de 1996 à 1998. À la suite de la réussite au concours de l'enseignement militaire supérieur du deuxième degré, j'ai été amené à suivre un cursus d'ingénieur avant de rejoindre le Collège interarmées de défense[36] à l'École militaire.

36. Le Collège interarmées de défense a repris en 2011 son appellation historique « École de guerre ».

Durant deux années, j'ai côtoyé de brillants élèves ayant pour la grande majorité une décennie de moins que moi, ainsi qu'un corps enseignant particulièrement investi. Après plusieurs années en régiment, j'avoue avoir subi un choc en retournant sur les bancs de l'école. La richesse des échanges m'a néanmoins permis de nourrir ma réflexion sur la notion *d'ingénieur* humaniste et les liens qui peuvent être établis avec *l'officier* humaniste au sens de Lyautey. L'ingénieur est celui qui invente, trace et conduit. Il ne peut apporter des réponses purement techniques mais doit faire preuve au contraire d'une pensée globale et critique afin de pouvoir répondre à trois questions fondamentales sur le sens, la complexité et l'avenir. À l'ère de l'intelligence artificielle et des technologies du quantique, la science se fait de plus en plus modeste à mesure qu'elle grandit : l'horizon recule à mesure que nous avançons. C'est dans ces circonstances que l'ingénieur doit se révéler en alliant la maîtrise technique à la prise de responsabilités. J'ai retenu de ces années qu'un bon ingénieur devait utiliser deux outils pour réussir : le bon sens et la règle de trois. Cela s'est avéré précieux dans mon parcours d'officier, tout particulièrement lors des Jeux.

La seconde expérience est celle de mon passage au cabinet militaire du Premier ministre à Matignon. J'y ai passé quatre années denses et riches au service de trois autorités[37] différentes. Dans un cadre fort éloigné du milieu militaire, j'ai été confronté à la gestion permanente de la complexité et à la nécessité d'aller à l'essentiel alors que le temps est en permanence compté. J'ai appris qu'exposer un sujet en quelques minutes

37. De 2011 à 2015 : MM. François Fillon, Jean-Marc Ayrault et Manuel Valls.

nécessitait une extrême préparation, que la forme comptait tout autant que le fond quand il s'agit de convaincre. J'ai enfin côtoyé des membres du cabinet civil qui n'étaient pas familiers du monde de la défense et au profit desquels nous devions faire preuve d'une grande pédagogie pour en expliquer les enjeux et le fonctionnement. Ce travail a nécessité beaucoup d'énergie mais il s'est avéré payant. Il rappelle que tout chef militaire a la responsabilité d'aller au contact des élus, des dirigeants d'entreprise, du monde associatif et de la jeunesse pour présenter ce que font les armées françaises et susciter les échanges et les réflexions. C'est une façon concrète et efficace d'entretenir le lien armées-Nation indispensable au renforcement de l'esprit de défense.

Bénéficier de mises en situation exigeantes

Je souhaite enfin évoquer les fonctions qui m'ont été confiées avant d'arriver aux Invalides. Affecté à l'été 2018 à l'état-major des armées, j'ai pris la direction de la division en charge des études prospectives et du management général. L'officier général assurant ces responsabilités est au contact direct des états-majors, directions et services, lui donnant une excellente vision des problématiques de court et long termes du ministère des armées. Véritable tour de contrôle, il anime et coordonne le travail courant tout en contribuant à l'élaboration des directives stratégiques.

Durant deux années, j'ai eu l'honneur de seconder l'amiral Jean Casabianca, major général des armées placé à la tête de l'état-major des armées. Cet homme d'action et de réflexion, tout autant exigeant qu'attachant, était rompu aux postes de hautes responsabilités en environnement politico-militaire. Sa finesse d'analyse et sa hauteur de vue lui permettaient de penser loin, global et collectif. Cela fut précieux alors que nous conduisions la transformation du haut commandement des armées sous l'impulsion du général d'armée François Lecointre, chef d'état-major des armées. Plaçant la loyauté au cœur des relations de commandement, il a en permanence privilégié une « collégialité arbitrée et une subsidiarité responsable » afin d'atteindre les objectifs assignés, faisant montre d'un pragmatisme qui invitait en permanence à consolider l'existant avant de chercher à faire différemment.

Ces années à ses côtés ont été particulièrement précieuses alors que je venais d'être désigné comme gouverneur militaire de Paris.

SAVOIR ÊTRE UN CHEF

Qu'est-ce que le commandement dans les armées, le management dans l'entreprise ? Existe-t-il des qualités universellement reconnues du chef militaire ou du cadre dirigeant ? Toutes les personnes placées un jour en situation de responsabilité se sont posé ces questions fondamentales. Ma conviction est qu'il existe probablement autant de définitions du commandement qu'il y a de chefs militaires, autant d'approches du management qu'il y a de managers.

Nous disposons néanmoins d'une riche littérature conceptualisant l'art du commandement, fruit de la pensée de chefs militaires stratèges. Ce précieux corpus sert de support à la formation dispensée dans nos écoles d'officiers et de sous-officiers, permettant de délivrer un socle commun. Sur la base des principes fondamentaux enseignés, le plus important me paraît être le travail à conduire ensuite pour approfondir sa réflexion afin de bâtir son propre référentiel. Cette démarche de personnalisation est essentielle car elle est conditionnée par l'environnement auquel chacun est confronté, l'expérience acquise au fil du temps et des rencontres et, surtout, sa personnalité. En effet, la nature humaine est ainsi faite qu'il n'existe pas de profil unique du chef performant. C'est une grande richesse de pouvoir réussir dans des fonctions de commandement avec des approches et sensibilités différentes. Nous avons tous en tête l'exemple de chefs efficaces et fascinants dont les profils étaient profondément éloignés et qui nous ont durablement marqués.

Quelle que soit l'analyse approfondie que nous pouvons en faire, l'exercice du commandement reste un impératif pour réussir la mission car il conduit à anticiper, planifier, prioriser, orienter, organiser et contrôler. Il porte une forte dimension humaine permettant de fédérer, motiver mais aussi écouter, encourager, accompagner et protéger. Les armées privilégient depuis longtemps le commandement par l'intention[38] qui repose sur la clarté du cap fixé, l'initiative, la prise de responsabilité assumée des échelons subordonnés et la culture du résultat.

38. Le commandement par l'intention a été érigé comme un des principes fondateurs de la transformation « vers une armée de terre de combat ».

Ces principes étant rappelés, je souhaite partager quelques convictions nourries par des rencontres inspirantes et éprouvées au cours de ma carrière. Il ne s'agit pas d'asséner des vérités immuables, mais d'inviter à la réflexion.

Engagement et responsabilité: deux faces d'une même pièce

Engagement et responsabilité sont les deux notions clés qui me paraissent être au cœur des défis que les chefs militaires et les cadres dirigeants ont à relever. Elles ont guidé mon parcours professionnel et m'ont servi de boussole dans la préparation et la conduite des Jeux de Paris.

L'engagement est une notion noble et essentielle qui fonde la valeur et l'efficacité de toute communauté humaine, qu'il s'agisse d'une force militaire, d'une entreprise ou d'une équipe sportive. Pour nombre de concitoyens, les armées constituent une référence en matière d'engagement. Il s'agit en effet d'un principe cardinal pour la communauté militaire, qui a ses codes spécifiques liés à sa singularité et sa finalité : détenteur de la force légitime, le militaire porte les armes de la Nation ; à ce titre, il a le pouvoir d'infliger la mort et accepte en retour de la recevoir. Cela lui impose de puiser sa force et son énergie dans le collectif qui nourrit les forces morales, supplément d'âme qui permet de vaincre en cas d'engagements durs. Cette notion d'engagement individuel et collectif prend toute sa dimension à l'occasion des cérémonies de passation de commandement d'un régiment lorsque l'autorité militaire qui préside prononce la formule d'investiture sur le front des troupes : « De par le Président de la République, vous reconnaîtrez désormais pour votre chef le colonel […], ici présent, et vous lui obéirez en tout ce qu'il vous commandera, pour le bien du service, l'exécution des règlements militaires, l'observation des lois et le succès des armes de la France. »

C'est aussi ce pouvoir exorbitant qui justifie la discipline et la neutralité des armées. Ces spécificités de l'engagement militaire placent l'humain au cœur du commandement. Cela étant, les armées n'ont pas le monopole de l'engagement qui représente une notion essentielle dans le développement et la réussite de l'entreprise.

La seconde notion fondamentale est la responsabilité. Dans un monde où tout se complexifie, où l'inflation des normes et des indicateurs de pilotage accroît l'horizontalité et dilue la responsabilité des dirigeants et des collaborateurs, tout doit être mis en œuvre pour responsabiliser, c'est un impératif ! Cela ne se résume pas à donner des ordres, mais à s'assurer de leur bonne compréhension et de leur parfaite exécution. La responsabilisation de ses équipes permet l'appropriation de la mission, la prise d'initiative et donc l'efficacité au travail. Elle nécessite de s'organiser, de donner de l'autonomie et d'accepter de faire confiance.

Faire confiance est plus facile à énoncer qu'à appliquer car cela impose une forme de « lâcher-prise » qui n'est pas toujours naturelle. Nombre de chefs, surtout quand ils sont perfectionnistes, estiment que le travail sera mieux réalisé s'ils s'en occupent directement. Bien au contraire, il ne faut conserver à son niveau que ce qu'on est seul capable de traiter… et déléguer tout le reste. Cela a pour effet immédiat de gagner un temps précieux permettant de se concentrer sur les sujets stratégiques en dirigeant « tête haute », c'est-à-dire les yeux rivés sur l'horizon, au-delà des contingences quotidiennes.

Responsabiliser, c'est créer les conditions de la subsidiarité et offrir à ses équipes l'opportunité de se dépasser et de s'épanouir. Cela permet aussi la mise en situation des cadres à potentiel. Fixer le cap, donner les moyens de réussir, accompagner si nécessaire et exiger des résultats : c'est ainsi que peuvent éclore les talents ! Je suis convaincu que tout dirigeant doit avoir l'âme d'un formateur. Une subsidiarité bien ordonnée permet de produire des effets dépassant les attentes, chaque membre de l'équipe étant pleinement imprégné de l'esprit et de la lettre de la mission assignée. Évoquant la libération de Paris, le général de Gaulle avait affirmé : « Leclerc était un grand général parce qu'il a obéi à tous les ordres, en particulier à ceux que je ne lui ai jamais donnés. »

Si l'engagement et la responsabilité constituent des principes intangibles du commandement, plusieurs qualités fondamentales sont à détenir pour garantir l'efficacité de son action.

La compétence

« La plus grande des immoralités est de faire un métier qu'on ne sait pas », disait Napoléon Bonaparte. La compétence assoit la légitimité car personne n'est compétent de droit divin ; on l'est parce qu'on travaille dur et tout le temps. Plus on progresse en responsabilités, plus il faut élargir son champ de compétences pour disposer d'une vision globale. Il est donc impératif pour un cadre dirigeant de se donner les moyens d'être irréprochable sur les compétences requises à son poste, ce qui impose une remise en question permanente. Il est tout aussi essentiel de travailler sa culture générale pour être en capacité de comprendre la complexité de son environnement et la mettre en perspective avec des problématiques plus générales. Seule une perception large et profonde du monde permet d'adopter une pensée critique et nuancée, préalable à toute décision éclairée.

La détermination

Le chef porte la responsabilité de réussir la mission qui lui a été assignée ou qu'il s'est fixée. Pour cela, il doit mobiliser son équipe en lui expliquant l'état final recherché, c'est-à-dire sa vision et sa stratégie. Ce travail est essentiel pour donner l'impulsion et mettre le collectif en mouvement. Cela nécessite une forte détermination et de solides convictions afin de susciter le désir, « unique force motrice », selon Aristote. Le chef doit donc incarner la mission à accomplir en donnant du sens.

Le vrai pouvoir d'un chef se mesure davantage à l'impact qu'il a sur ses équipes qu'à son grade ou à sa fonction. Il faut reconnaître que le charisme facilite grandement la tâche. En effet, convaincre est une seconde nature chez celui qui en est doté : le silence se fait naturellement quand il s'exprime, ses mots sont aisément compréhensibles et ses messages limpides. Il exerce une forme de fascination collective et tout le monde ressent une irrésistible envie d'aller au bout du monde à ses côtés. Partir au combat sous ses ordres devient une évidence.

Subtil équilibre entre l'inné et l'acquis, le charisme ne se décrète pas. Cela dit, d'autres qualités permettent à un chef déterminé de convaincre et de motiver ses équipes : la combativité et la sincérité. C'est une question de curseur, d'intensité et donc de volonté. Lorsque le chef croit profondément en sa mission, ses équipes le ressentent et l'alchimie se crée.

La détermination s'accompagne d'une stratégie de communication qui mobilise personnellement le chef. Si la communication écrite est indispensable pour toucher le plus grand nombre, l'expression orale permet d'être au contact et de partager avec force ses convictions. Elle mobilise à la fois la voix et le corps qui se soutiennent et se renforcent mutuellement. L'art oratoire se travaille, quelle que soit l'aisance naturelle de chacun.

La culture du résultat

« Le but ! le but ! le but ! » répétait sans cesse le général Leclerc fin août 1944 alors que les troupes de la 2e division blindée fonçaient vers Paris pour la libérer. Le chef doit être obsédé par l'atteinte de ses objectifs en mobilisant toute son énergie et en mettant en mouvement l'ensemble de ses équipes. Rien ne doit le distraire de sa quête.

Aussi nécessaire soit-elle, la culture du résultat ne doit pas s'opposer à la culture de la reconnaissance, même si elles renvoient à deux anthropologies antagonistes, la première guerrière, la seconde humaniste. Dans les armées, l'atteinte des objectifs ne se résume pas à la production de résultats chiffrés dans un écosystème où tout est mesurable par une batterie d'indicateurs. Elle emporte aussi la valorisation du collectif par l'acquisition de nouveaux savoirs tirés du retour d'expérience. Elle intègre la satisfaction d'avoir réussi quelque chose qui a du sens et qui nous dépasse. C'est précisément ce qui s'est passé lors des JOP.

La prise de décision

C'est la raison d'être d'un chef militaire ou d'un cadre dirigeant. L'immobilisme n'est pas une option lorsque l'on exerce des responsabilités élevées. Toute décision doit être précédée d'une phase d'écoute et de réflexion collective permettant d'appréhender les avantages, inconvénients et risques des différentes solutions envisagées. Mais le temps du chef est précieux et la réduction des chaînes de décision doit rester une préoccupation permanente. Un ordre incomplet à temps est préférable à un ordre parfaitement ciselé mais trop tardif.

Tout doit être mis en œuvre pour que le chef dispose de l'ensemble des paramètres disponibles pour prendre la meilleure décision. Cela nécessite que les collaborateurs s'expriment sans retenue et disent la vérité même si leurs recommandations ne sont pas celles que le chef désire entendre. J'ai toujours considéré qu'il était possible de tout dire à son supérieur hiérarchique, sous réserve de respecter deux règles : la première est d'y mettre les formes, la seconde est de trouver le moment le plus opportun. Je me suis toujours efforcé de les appliquer en prenant soin de demander à mes équipes proches d'en faire de même.

Pour autant, si la préparation de la décision est un travail d'équipe, la prise de décision est un acte individuel. La solitude du chef au moment de décider est une réalité à laquelle on ne peut échapper. C'est aussi ce qui fait la grandeur des dirigeants. C'est le message passé par le général de Gaulle : « J'ai entendu vos points de vue. Ils ne rencontrent pas les miens. La décision est prise à l'unanimité. »

Pour un chef, le savoir-décider, le savoir-oser et le savoir-gagner sont toujours plus importants que le savoir-faire.

La maîtrise du risque

Il n'y a pas de décision sans courage ni audace. La peur de l'échec – sentiment naturel qu'éprouvent aussi les chefs – ne doit jamais surpasser l'envie de réussir car le prix du courage est toujours inférieur à celui du renoncement. Nos défaites sont souvent celles que nous nous infligeons à nous-mêmes, par faiblesse ou par inconstance. Le chef doit ainsi développer au sein de ses équipes la prise d'initiatives et la maîtrise du risque qui l'accompagne, ce qui ne veut pas dire faire n'importe quoi. L'audace n'est pas de l'imprudence, mais bien une volonté de prendre des risques mesurés pour obtenir des résultats significatifs qui feront la différence. Dans une société où la tyrannie des normes et des réglementations entretient l'aversion au risque, les chefs doivent oser pour entreprendre et innover, en acceptant aussi le droit à l'erreur dès lors que les enseignements qui en sont tirés permettent de s'enrichir et de progresser.

L'exigence

L'exigence est souvent la réponse à la complexité des équations à résoudre et des défis à relever. Elle nécessite des objectifs clairs et précis, ainsi que de la constance afin que la barre soit tenue même par grand vent. L'exigence va de pair avec l'autorité qui n'est pas un gros mot. Les collaborateurs ont besoin d'autorité sous réserve qu'elle soit légitime, comprise et bienveillante. L'expérience montre d'ailleurs que l'autorité n'est réelle que quand elle est reconnue par ses équipes. Commander, c'est contraindre, c'est parfois renoncer mais c'est surtout obtenir.

L'exigence s'incarne dans la valorisation des réussites et la sanction des échecs dus à l'incompétence, au manque de travail ou à la rupture du lien de confiance. Elle s'exerce toujours dans le respect des personnes, mais être humain ne veut pas dire être démagogue ! L'exigence est d'autant plus efficace qu'elle s'applique à sa propre personne. Détenir la fonction de président, de directeur général ou de commandant militaire ne suffit pas. Nos équipes ont besoin de leaders intègres qui les inspirent, les guident et les font progresser. L'exemplarité force le respect des équipes, renforce leur adhésion et suscite le dépassement individuel et collectif. Un chef exigeant dirige davantage par l'exemple qu'avec des mots.

L'attention aux autres

Simone Weil nous a légué que « l'attention est la forme la plus rare et la plus pure de la générosité ». Le chef doit aimer ses subordonnés sans jamais le leur dire. Cela se traduit par l'intérêt qu'il leur porte afin de mieux les connaître : leur parcours, leurs aspirations professionnelles ainsi que leurs centres d'intérêt personnels. Il importe aussi, dans le respect de l'intimité de chacun, de s'enquérir de leur situation familiale car les problèmes rencontrés dans la sphère privée ont souvent un impact sur les comportements et la performance au travail.

Dire bonjour est la marque la plus aboutie mais aussi la plus symbolique de la considération d'un chef pour un subordonné, d'un dirigeant pour un collaborateur. N'oublions jamais qu'on ne croise pas des ombres. Il en est de même des remerciements. La reconnaissance des efforts consentis et des réussites marque la gratitude du chef et entretient la motivation en donnant le sentiment d'utilité. Dire merci est un acte à la fois simple et puissant, aussi bien pour celui qui l'exprime que pour celui qui le reçoit.

Ayons en permanence à l'esprit que les bonjours et les mercis ne s'usent que s'ils ne sont pas utilisés ! L'attention aux autres, c'est aussi prendre le temps de rendre visite aux personnes sur le terrain en faisant preuve d'empathie. Rencontrer les niveaux d'exécution permet de prendre le pouls de ses équipes et de sonder les cœurs et les âmes. Cela revêt une dimension apaisante pour les subordonnés qui se sentent considérés en voyant une autorité qu'ils croisent rarement. Ces échanges ne sont jamais du temps perdu. Je les ai toujours considérés comme un véritable enrichissement car on apprend beaucoup de choses. Durant les JOP, j'ai pris soin d'aller à la rencontre des unités afin de mesurer la bonne compréhension des ordres et d'apprécier la manière dont la mission était vécue au quotidien.

L'humilité

Les chefs militaires et les dirigeants brillants et charismatiques font souvent montre d'humilité malgré les exigences et la pression qu'imposent au quotidien leurs hautes responsabilités. C'est probablement par cette qualité particulière que s'exprime leur grandeur d'âme. Nietzsche affirmait que « les plus grands ennemis de la vérité, ce ne sont pas nos mensonges mais nos certitudes ». Un chef humble arrive à concilier l'obligation d'être combatif avec sa soif d'honnêteté et de sincérité. Il doit reconnaître qu'il n'a pas toutes les réponses, faire l'effort d'écouter et être capable de reconsidérer une décision dès lors qu'il a acquis la conviction qu'elle n'est pas la meilleure ou la plus adaptée. Cette attitude n'est pas une marque de faiblesse mais bien un signe d'intelligence et d'ouverture d'esprit. En cela, le chef valorise les compétences de ses équipes tout en montrant qu'il a pleinement conscience d'avoir besoin d'elles pour atteindre ses objectifs. Il emporte ainsi l'adhésion et gagne le respect.

Je garderai toute ma vie en mémoire la rencontre avec Hubert Germain le 17 septembre 2021 dans sa chambre à l'Institution nationale des Invalides. Très affaibli physiquement mais encore vif d'esprit, il m'avait confié qu'à ses yeux, « la qualité d'un chef repose sur sa force de conviction et son humilité ». Prononcés par le dernier Compagnon de la Libération encore vivant[39], je mesure toujours aujourd'hui la profondeur et la sagesse de ces mots.

---

39. Hubert Germain est décédé le 12 octobre 2021. Un hommage national lui a été rendu par le Président de la République dans la cour d'honneur des Invalides le 15 octobre. Il repose dans la crypte du Mémorial de la France combattante au Mont-Valérien (Suresnes, Hauts-de-Seine) aux côtés de seize autres combattants.

Par sa compétence, sa détermination, sa culture du résultat, sa capacité à décider, sa maîtrise du risque, son exigence, l'attention qu'il porte aux autres et son humilité, un chef est celui qui donne du sens, suscite l'envie et inspire confiance. Il est surtout celui qui transcende le collectif pour gagner les combats. Il est un diffuseur de sérénité et un absorbeur de stress. Les équipes le perçoivent et c'est la plupart du temps contagieux. Il doit prendre de la hauteur et conserver son calme, notamment en période d'incertitude ou de crise. Les regards se tournent alors vers lui pour qu'il décide et donc rassure. Il agit comme le phare qui guide le bateau dans la tempête.

Selon les circonstances, il combine avec intelligence et discernement la pensée du stratège visionnaire, l'émotion du leader humain qui fédère le collectif et l'action du chef opérationnel déterminé et combatif.

Ce style de commandement peut être qualifié de « tête, cœur, tripes ».

Préserver l'héritage d'une mission exceptionnelle

Avec le recul des mois écoulés depuis la fin des JOP de Paris 2024, il m'est permis de porter un regard éclairé sur l'engagement des armées dans la sécurisation de cet évènement au retentissement planétaire.

Ces Jeux ont incarné la quintessence de la complexité dans les domaines organisationnel, médiatique et sécuritaire. Les nombreuses menaces auxquelles nous étions confrontés étaient réelles et de nature à perturber, voire entraver, leur déroulement. Nous devions être en mesure d'y répondre avec la plus grande efficacité.

Rien n'a été laissé au hasard. Notre préparation a été particulièrement exigeante, mettant en œuvre avec une extrême rigueur les processus de planification de toute opération militaire. J'ai fait le choix d'adapter l'organisation de nos structures de commandement pour gagner en agilité et en réactivité. Cette approche a rappelé avec force que lorsque les circonstances l'exigent, il faut savoir repenser sa stratégie en sortant des sentiers battus tout en s'appuyant sur les fondations existantes.

Notre montée en puissance a été cadencée par des exercices plaçant les participants dans les conditions les plus réalistes. Si nous connaissions très tôt le cadre général de notre engagement, l'incertitude pesant sur le périmètre exact de nos missions, liée notamment à l'ampleur du défi à relever par les acteurs de la sécurité privée, a nécessité de prévoir les scénarios les plus dégradés, c'est-à-dire les plus dimensionnants, pour ne jamais être surpris et conserver en toutes circonstances l'initiative.

L'opération Sentinelle JOP s'est caractérisée par un changement d'échelle. L'emploi coordonné de drones, d'équipes cynotechniques et d'hélicoptères lors des missions de contrôle de zone a été totalement inédit. Il en fut de même des moyens engagés dans la sécurisation de la zone d'Ivry-Charenton accueillant les bateaux de la parade nautique. Le succès de notre mission reposant aussi sur un soutien logistique robuste et résilient, j'ai été amené à faire des choix structurants très en amont, dont le camp « caporal Alain Mimoun » constitue le plus fort marqueur. Enfin, le dispositif particulier de sûreté aérienne mis en place par l'armée de l'air et de l'espace a mobilisé un éventail complet d'équipements, intégrant à un niveau inégalé la lutte anti-drone.

Tous ces moyens ont été essentiels pour dissuader, rassurer et protéger en frappant les consciences. Ils ont également illustré avec force l'esprit pionnier qui irrigue nos armées et leur culture de l'adaptation et de l'innovation. L'opération Sentinelle JOP fut bien une opération de haute sensibilité à nulle autre comparable.

En sport, il faut deux équipes de qualité pour faire un bon match. Celle de la préfecture de police de Paris et la mienne ont atteint un remarquable niveau de collaboration et de confiance permettant une optimisation des moyens militaires engagés sur le terrain. Je veux souligner que nous avons été systématiquement associés à la conception de toutes les opérations de sécurisation. Le préfet de police de Paris a pris soin de nous écouter pour bien comprendre la manière dont nous pouvions délivrer le meilleur appui aux forces de sécurité intérieure. Le haut niveau d'intégration et l'étroitesse des liens tissés durant cette période ont vocation à servir de référence aux futurs engagements des armées sur le territoire national. Ce que nous avons vécu ensemble constitue un héritage particulièrement précieux qui doit être entretenu au-delà des personnes.

L'opération Sentinelle JOP fut une remarquable aventure humaine. C'est assurément ce qui restera quand nos souvenirs se seront un peu estompés. Le professionnalisme dont tous les militaires ont fait preuve dans l'accomplissement de leurs missions, la détermination qu'ils ont manifestée et leur générosité communicative ont rappelé que nos armées constituent un remarquable outil de combat dont les forces morales sont le moteur. Cette opération a directement contribué à la valorisation de leur image et, j'en suis convaincu, permis de consolider le lien indéfectible qui unit l'institution militaire à la Nation. En outre, la brillante participation des sportifs de haut niveau de l'*Armée de Champions* a mis en exergue l'importance de la pratique sportive pour renforcer les capacités physiques et morales du soldat.

Depuis la fin des Jeux, j'ai eu à plusieurs reprises l'occasion de rencontrer des militaires de tout grade ayant participé à cette opération, mais aussi des autorités civiles membres des instances de gouvernance des JOP. Au-delà du plaisir de partager quelques anecdotes, ces échanges renforcent à chaque fois le sentiment d'appartenance à une communauté soudée, riche d'un vécu singulier. Avec humilité, tous ressentent une légitime fierté d'avoir contribué, quelles que soient leurs responsabilités, à la réussite d'un évènement majeur pour la France.

Pour toutes ces raisons, j'ai souhaité partager la façon dont j'ai appréhendé la mission que m'a confiée le chef d'état-major des armées, présenter l'approche méthodologique retenue et décrire ce que nous avons accompli. Cette démarche traduit en premier lieu mon désir de rendre hommage à l'engagement exemplaire des femmes et des hommes de l'opération Sentinelle JOP. Qu'ils soient militaires d'active ou réservistes opérationnels, tous m'ont impressionné par leur dynamisme et leur état d'esprit. La reconnaissance formelle de leur investissement m'a semblé non seulement légitime, mais nécessaire.

Cet essai s'adresse aussi aux décideurs civils. À partir de convictions personnelles forgées par l'expérience acquise au cours de ma carrière d'officier, j'ai eu à cœur de retracer la genèse de l'organisation mise en place et de livrer mes réflexions sur les clés de la réussite d'un évènement hors norme. Ces clés sont aisément transposables à tous les enjeux auxquels un dirigeant est confronté dans l'exercice de ses responsabilités, car je crois fermement qu'il existe des ponts entre le commandement militaire et le management en entreprise.

En somme, dans un environnement en perpétuelle évolution, marqué par des crises systémiques nécessitant anticipation, agilité et réactivité, l'exemple des JOP confirme que le succès réside toujours dans la capacité des chefs à fédérer leurs équipes sans lesquelles rien de grand ne peut être accompli. Il leur revient de fixer et de tenir le cap face à l'incertitude et l'adversité, en mobilisant le potentiel collectif et les forces morales qui apportent le supplément d'âme nécessaire pour se sublimer. Les Jeux ont également mis en lumière deux notions clés au cœur des défis que tous les dirigeants doivent relever pour faire prospérer leur entreprise : l'engagement et la responsabilité. Je peux certifier qu'elles ont été précieuses au cours des trois années de préparation et durant l'été 2024.

Arrivant au terme d'un parcours de près de quarante ans dans les armées au service de mon pays, je souhaite exprimer ma profonde gratitude à une institution unique qui place l'humain en son cœur, dont la neutralité et la loyauté demeurent les fondements de son efficacité. Une institution qui fait de la primauté du collectif et du caractère sacré de la mission sa raison d'être, qui promeut le respect, l'enthousiasme et la cohésion. Une institution qui exige, inspire et élève.

Remerciements

Je tiens à remercier sincèrement l'ensemble des officiers généraux et officiers supérieurs composant mon équipe de commandement lors de l'opération Sentinelle JOP.

Général de division Jean-Christophe Le Roux, chef d'état-major

Général de brigade Éric Chasboeuf, général adjoint engagements

Général de brigade Lionel Catar, commandant la brigade olympique

Colonel de réserve Bertrand Lavaux, colonel Jean-Charles Sansguilhem et colonel de réserve Rémi Hocquemiller qui se sont succédé en qualité de colonel adjoint de la brigade olympique

Colonel Renaud Courbion, chef d'état-major de la brigade olympique

Colonel Vincent Lazerges, commandant le groupement Bleu

Colonel Tristan Zeller, commandant le groupement Amarante

Colonel Jacques de Sorbier, commandant le groupement Jaune

Colonel Vincent Flore, commandant le groupement Vert

Colonel Rémy Chabaud, commandant le bataillon Ivry-Charenton

Colonel Guillaume Roy, commandant le bataillon génie

Colonel Vincent Tourny, commandant le groupement d'appui des systèmes d'information et de communication durant les Jeux olympiques

Colonel Arnaud Basset, commandant le groupement d'appui des systèmes d'information et de communication durant les Jeux paralympiques

Colonel Sébastien Le Beller, commandant le bataillon logistique « Alexis Vastine »

Lieutenant-colonel Ronald Bartholmé, commandant le détachement de l'aviation légère de l'armée de terre durant les Jeux olympiques

Lieutenant-colonel Laurent Auger, commandant le détachement de l'aviation légère de l'armée de terre durant les Jeux paralympiques

Colonel Nicolas James, commandant le bataillon de cérémonies des Jeux olympiques

Lieutenant-colonel de réserve Jean-Philippe Halbwachs, commandant le bataillon de cérémonies durant les Jeux paralympiques

Colonel Denis Morel, sous-chef d'état-major

Colonel Patrick Lamiral, sous-chef opérations

Colonel Philippe Ogier, adjoint soutien interarmées

Médecin chef des services Olivier Stibbe, conseiller santé

Colonel Éric Lafontaine, chef de cabinet

Colonel Nicolas Fouilloux, conseiller communication

Colonel Philippe Lamy, officier de liaison auprès du préfet de police de Paris

Colonel de réserve Michel Bergier, commandant de site du camp « caporal Alain Mimoun »

Mes pensées vont enfin aux officiers, sous-officiers, caporaux-chefs, caporaux, soldats ainsi qu'aux agents civils de l'opération Sentinelle JOP qui se sont engagés sans compter.

Citius, altius, fortius !

À tous, merci.

Table des matières

LES AUTEURS DE DÉBATS PUBLICS

Françoise Adamsbaum
Directrice
Musée International des Arts Modestes (MIAM)

Yaële Aferiat
Directrice
Association française des fundraisers

Paul Aiss
Cofondateur
et DG de l'association Jeune & Engagé

Jean-Philippe Aka
Fondateur
AfricartMarket

Florence Alix-Gravellier
Vice-présidente
Fédération française de tennis

Gloria D'Almeida
Boxeuse
Équipe de France

Hervé Amar
Président
Ayming

Antoine Amiel
Cofondateur
Learn Assembly

Ahmed Andaloussi
Paratriathlète

Émilie Andéol
Directrice
Fondation Ippon

Jean-Xavier Arnaud
Associé
Tilder

Julien Artu
Président
People Like Us

François Asselin
Président
Confédération générale des petites et moyennes entreprises (CPME)

Jacques Attali
Ancien conseiller spécial
de François Mitterrand

André-Jacques Auberton-Hervé
Fondateur
Soitec

Fanny Auger
Fondatrice
The School of Life

Axelle Ayad
Fondatrice
et Directrice Générale de Mapatho

Olivier Babeau
Président
de l'Institut Sapiens

Gilles Babinet
Cofondateur
Isotope Energy

Thomas Bach
Président
Comité International Olympique

Abdelaali El Badaoui
Fondateur
de Banlieues Santé

Denis Badie
Organisateur
de La Féminine de Pau

Bertrand Badré
Fondateur
Blue Like an Orange Sustainable Capital

Simon Baker
Directeur
Maison Européenne de la Photographie (MEP)

Hector Balas
Fondateur Impala

Jérôme Ballarin
Président Observatoire de la qualité
de vie au travail

Audrey Barbier-Litvak
Cofondatrice Offishall

Jean-Baptiste Barfety
Rédacteur du rapport Notat-Senard «l'Entreprise, objet d'intérêt collectif» et directeur de la Chaire ICP-ESSEC «Entreprise et Bien commun»

Marie Barrot
Fondatrice
AIM Prod

Christiane Baude
Magistrate
à titre temporaire

Agnès Bazin
Directrice
du développement
Doctolib

Thierry Beaudet
Président
Conseil Économique Social et Environnemental (CESE)

Anne-Sophie Beauvais
Vice-présidente
et trésorière
Le Labo des histoires et le Labo de l'écologie

Karim Beguir
Cofondateur Instadeep

Assia Benziane
Adjointe au maire
à l'égalité et aux droits des femmes, référente «égalité» AMIF - ancienne membre du HCE et du conseil consultatif pour l'égalité du G7

Salomé Berlioux
Fondatrice
Chemins d'avenirs

Jean-Luc Berlot
Président d'adline

Maribel Bernard
Présidente
Fondation d'entreprises Bergonié

Adrien Bisseliches
Associé
My Pop Up Store

Denis Blanc
Directeur général
Ayming

Véronique Blanc
Conseillère
du recteur de région académique Île-de-France, en charge de la relation École-Entreprise

Hubert De Boisredon
Président-Directeur Général d'ARMOR GROUP, Membre du Comité de Gouvernance des Entreprises du MEDEF

Phillip Blond
Directeur
ResPublica

Christian Bombrun
Directeur
des services digitaux
Groupe MTN

Flore Bonnard
Fondatrice
Rezto

Anissa Bonnefont
Scénariste et réalisatrice

Bruno Bonnell
Secrétaire général
pour l'investissement en charge de France 2030 Services du Premier ministre

Valence Borgia
Associée
Medici Law Firm

Kat Borlongan
Directrice
La French Tech

Grégoire Borst
Professeur de psychologie du développement et de neurosciences cognitives de l'éducation Université Paris-Descartes

Vanessa Boudin-Lestienne
Directrice associée
WHO Talent Partners

Ryad Boulanouar
Directeur Général de Mon ami Poto

Audrey Boulard
Fondatrice Locatool

Michaël Boumendil
Président
Sixième Son

Vincent Bounes
Directeur Samu 31

Kevin Bourgeois
Cofondateur
Supermood

Jérôme Bourreau
Fondateur Anamnese

Nicolas Bouzou
Président Fondateur d'ASTERES

Pierre Brajeux
Président-Directeur Général de TORANN-France

Nicolas Brien
Directeur général
France Digitale

Tamara Brisk
Fondatrice
Mokki

Franck Bruel
Senior Advisor
Boston Consulting Group (BCG)

Béatrice Brugère
Magistrat, secrétaire générale Unité magistrats

Jean-Martial Buisson
Avocat associé
Fromont Briens

Adrien Burdet
Infirmier en pratique avancée mention santé mentale

Moussa Camara
Fondateur
Les Déterminés

Marion Canale
Présidente et co-fondatrice de Cearitis

Robert Cantarella
Metteur en scène et réalisateur

Carolyn Carlson
Danseuse, chorégraphe et poétesse

Louis Champion
Directeur
UI Investissement

Julie Chapon
Cofondatrice Yuka

Jérémy Chardy
Directeur
Teréga Open Pau-Pyrénées

Professeur Charles Court
Chef de service de chirurgie orthopédique et traumatologique Hôpital Bicêtre

Thibaut Charmeil
Directeur général France
Ayming

Xavier Charpentier
Cofondateur
FreeThinking

Jean-Louis Chaussade
Special Advisor
Accuracy

Élisabeth Chevanne-Brunel
Coprésidente
Association française des coureures cyclistes

Julia Clavel
Directrice
Stratégie et M&A, également en charge de la Pologne, l'Irlande et le Royaume-Uni EMEIS

Marion Clignet
Coprésidente
Association française des coureures cyclistes

Gervanne Colboc
Coprésidente AAD

Paul-Adrien Cormerais
Fondateur Pony

Mathieu Cornieti
Président
Impact Partners

Anne-Marie Couderc
Présidente du Conseil d'administration
Air France-KLM

Jézabel Couppey-Soubeyran
Maîtresse de conférences à l'Université Paris 1 Panthéon-Sorbonne, conseillère scientifique à l'Institut Veblen, directrice scientifique de la chaire énergie et prospérité.

Thomas Courtois
Président
Nickel

Amy Dahan
Directrice de recherche
Centre national de la recherche scientifique (CNRS)

Victor Habert-Dassault
Ancien Député, avocat et vice-président du parti Les Républicains

Julie Dautel
Cofondatrice
Eonef

François Davy
Président
Groupe Adecco

David De Faria
Directeur Pôle Médico-social Association Régionale pour la Sauvegarde de l'Enfant, de l'Adolescent et de l'Adulte (ARSEAA)

Paul de Leusse
Directeur général adjoint Orange

Marie Degrand-Guillaud
Directrice générale déléguée
Nickel

Rachel Delacour
Présidente et cofondatrice
Sweep

Virginie Delalande
Conférencière internationale, podcasteuse, auteure

Martine Delbos
Directrice générale
Pépinières Guillaume

Maxime Delmotte
Cofondateur
Ballbart

Jean-Philippe Derosier
Professeur agrégé de droit public Université de Lille

Tanguy et Marine Desandre
Fondateurs
Maplaceencrèche

Didier Deschamps
Directeur
Chaillot – Théâtre national de la danse

Christine Desouches
Présidente de l'Académie des Sciences d'Outre-Mer

Mahammed Boun Abdallah Dionne
Ministre d'État
Secrétaire général de la Présidence de la République du Sénégal
Premier ministre du Sénégal

Jean-Luc Domenach
Créateur
Université Tsinghua

Ludovic Donati
Directeur du projet Lithium France
Groupe Eramet

Éric Dournès
Directeur
Groupe Créa-Sud Communication

Laurence Drake
Déléguée générale
InPACT

Christelle Dubourg
Fondatrice
Cap Women Organisation

Pierre Dufau
Président de la Ligue régionale Nouvelle-Aquitaine de basketball

Mathieu Duquesne
Directeur de la stratégie
SNCF Logistics

Jean-Loup Durousset
Président
Fédération de l'hospitalisation privée (FHP)

Béatrice Eastham
Fondatrice Green Événements

Marie Ekeland
Fondatrice
2050

Caroline Eliacheff
Docteure en médecine, psychanalyste et pédopsychiatre

Marie Eloy
Présidente de Bouge ta Boite et Femmes des Territoires

Delphine Ernotte Cunci
Présidente
France Télévisions

Charlotte Euzen
Associée
Tilder

Paola Fabiani
Fondatrice Wisecom

Domitille Fafin
Directrice des relations institutionnelles et de la communication
Shell France

Charlotte Fairbank
Championne de tennis fauteuil

Jean-François Fallacher
Directeur général
Orange Espagne

Mireille Faugère
Conseillère maître
Cour des comptes

Aude Favre
Journaliste

Eric Ferrari
Président
Fayat Bâtiment

Vanessa Feuillatte
Première danseuse
Opéra national de Bordeaux

Frédéric Fisbach
Codirecteur
Centquatre

Hubert Flichy
Senior Counsel
Flichy Grangé Avocats

Françoise Forette
Présidente Comité d'orientation scientifique et stratégique
International Longevity Centre (ILC) France

Jade Francine
Co-fondatrice, Directrice du Développment de WeMaintain

Nicolas Froissard
Porte-parole et codirigeant
Groupe SOS

Jean-Baptiste de Froment
Conseiller technique pour l'éducation du président de la République Nicolas Sarkozy

Sophie Gaillet
Fondatrice
Grand-Mercredi

Marianne Gallardo
Project Manager Engie

Mathieu Gallet
Président du conseil de surveillance des Echos,
Président du conseil d'administration de Sciences Po Bordeaux
Fondateur Majelan

Cristina Garmendia
Présidente
Fundación España Constitucional

Laurent Garret
CEO de Neuflize OBC

Pierre Gattaz
Président-Directeur Génréral Radiall
Président Medef

Anne-Marie Gaultier
DG en charge du marketing et de la communication
Aldi

Frédérique Gautier
Sage-femme

Julie Gayet
Actrice, productrice de cinéma et réalisatrice française

Marie Georges
Présidente
Willa

Philippe Germain
Directeur
Ciclic Centre-Val de Loire

Flora Ghebali
Fondatrice et coprésidente de Coalitions»

Catherine Giboin
Présidente de la fondation Médecins du Monde

Olivier Girault
Directeur national
UNSS - Médaillé d'or olympique handball

Philippe Girod
Président Gouverneur
Audigier

Ana Giros
Directrice générale adjointe Equans

David Gordon-Krief
Associé
UGGC Avocats

Laurent de Gourcuff
Fondateur
Paris Society

Celine Greco
Cheffe du service de médecine de la douleur et palliative de l'Hôpital Necker-enfants malades (Paris), Présidente de l'association IM'PACTES

Élodie Grimoin
Cofondatrice
Urban Canopee

Anne-Sophie Grouchka
Chief Operating and Transformation Officer Allianz France
Directrice générale Solvd Group, Présidente du Conseil d'administration d'Amref Health Africa

Sandrine Gruda
Présidente de l'association « Jeux et Enjeux », Consultante et conférencière en performance. Médaillée olympique

Aude Gueneau
CEO de Plume

Isabelle Guichot
Directrice générale
Maje

Sophie Guillin
Directrice générale
Groupe Guillin

Cécile Guillou
Directrice générale
Franprix

Jean Guo
CEO de Konexio

Maryline Gygax Généro
Médecin générale des armées (2S), ancienne directrice centrale du service de santé des armées.

Khamsa Habouchi
Directrice adjointe
Centre Virchow-Villermé

Said Hammouche
Président de la fondation Mozaïk
Conseiller au CESE

Vanessa Hary
Fondatrice
Savonnerie des Intrépides

Paul Hatte
Président Hatis

Nicolas Hazard
Fondateur Inco

Antoine Henin
Directeur départemental UNSS du Lot-et-Garonne

Jérôme Hénique
Directeur général
Orange Afrique et Moyen-Orient

Amandine Hersant
Directrice générale de Planète urgence

Christophe Heugas
Médecin biologiste
Laboratoire Biopyrénées

Anne Hidalgo
Maire de Paris

Nicolas Hieronimus
Directeur général
Groupe L'Oréal

Caroline Hilliet Le Branchu
Directrice générale
La Belle-Iloise

Klaus Hommels
Fondateur Lakestar

Martin Hook
Directeur général
Ayming UK

Tarek S. Hosni
Directeur général
Alvarez & Marsal

Sarah Huisman-Coridian
Associée fondatrice
Equanity

Thierry Jadot
Président Dentsu Aegis Network France

Olivier Jaillon
Directeur général
Wakam

Henri Jeannequin
Directeur général
Maison Marc

Borello Jean-Marc
Président du directoire
Groupe SOS

Patrick Jeantet
Président de la Fédération des Industries Ferroviaires, ancien président directeur général de SNCF Réseau

Jean-Paul Julia
Directeur général
Banque Populaire Bourgogne-Franche-Comté et Pays de l'Ain

Marcel Kahn
Directeur général
Mutuelle d'assurance des professionnels de la santé (MACSF)

Nathalie Kaïd
Présidente
Sœurs d'encre

Zineb Drissi Kaitouni
Cofondatrice DabaDoc

Nathanaël Karmitz
Directeur général MK2

Élisabeth Kimmerlin
Présidente
Les Premières Occitanie

Frederik W. de Klerk
Prix Nobel de la paix 1993

Guillaume Klossa
Fondateur EuropaNova

Gaspard Koenig
Fondateur
GenerationLibre

Laureen Kouassi-Olsson
Présidente-directrice générale
Birimian Ventures
Fondatrice de Birimian Holding.

Alain Krakovitch
Directeur SNCF Transilien

Arnaud de Lacoste
Directeur général
Sitel Group

Olivier Lacrampe
Docteur Laboratoire Biopyrénées

Marc Laidet
Président
FHP Psychiatrie

Christiane Lambert
Présidente de la FICT (Fédération des industries Charcuterie-Traiteur), Ancienne Présidente de la FNSEA (Fédération nationale des syndicats d'exploitants agricoles), Ancienne Présidente du COPA (Comité européen des Organisations Professionnelles agricoles), Présidente du COPA (Comite des organisations professionnelles agricoles européennes) Ancienne Présidente FNSEA (2017/2023) »

Ingrid Lamri
Directrice du cabinet du directeur général adjoint
Engie

Véronique Langlois
Cofondatrice
FreeThinking

Serge Lasvignes
Président
Centre national d'art et de culture Georges-Pompidou

Frédéric Latrobe
Associé
Tilder

Audrey Le-Bars
Directrice de projet
Territoire d'industrie
Lacq-Pau-Tarbes

Maud Le Car
Fondatrice
Save La Mermaid

Emmanuel Leclercq
Philosophe, Docteur en Philosophie, enseignant-chercheur, fondateur de Devenir pour Agir

Jean-Yves Le Gall
Président
Centre national d'études spatiales (CNES)

Ludovic Le Moan
Cofondateur Sigfox

Fabrice Le Saché
Fondateur Aera Group

Philippe Lemoine
Président
Fondation Internet Nouvelle Génération (FING)

Philippe Lentschener
Président
Publicis France

Mathias Léopoldie
Cofondateur Julaya

Matthias Leridon
Président-fondateur
Tilder

Jean-Pierre Letartre
Président d'Entreprises & Cités, Groupe IRD

Enrico Letta
Doyen
École des affaires internationales de Sciences Po

Aude Letty
Directrice
Innovation Santé
Groupe Korian

Jean-Daniel Levy
Directeur délégué d'Harris Interactive

Chen Lifang
Corporate Senior Vice-President and Director of the Board Huawei

Justine Lipuma
Co-fondatrice & CEO
MYCOPHYTO

Bamba Lo
Cofondateur
Paps

Sabine Longin
Directrice générale de la Biennale de Lyon

Jean-Hervé Lorenzi
Président
Le Cercle des économistes

Pascal Lorne
Fondateur Gojob

Antoine Loron
Cofondateur Hublo

Pascal Lorot
Président de l'Institut Choiseul

Maxime Loubar
Cofondateur et directeur général
Wyes

Philippe Louis-Dreyfus
Président du directoire de Louis Dreyfus Armateurs

Marina Maestrutti
Maîtresse de conférences en sociologie
Université Paris 1 Panthéon-Sorbonne

Christine Maffli
Fondatrice
Venera Creation

Naledi Magowe
Cofondatrice
Brastorne

Thierry Malandain
Chorégraphe et directeur
Centre chorégraphique national
Malandain Ballet Biarritz

Angèle Malâtre-Lansac
Directrice déléguée à la santé
Institut Montaigne

Pierre-Alain de Malleray
Directeur général
Santiane

Béatrice Mandine
Ex-Directrice Exécutive Communication, Marque et Engagement
Orange

Moussa Mara
Premier ministre du Mali

Laurent Marcadier
Ancien Magistrat
Fondateur et Président d'Alma Conseils et Stratégie

Emma Marcegaglia
Présidente Eni

Stéphane Mariaccia
Animatrice
KOMedia

Sandrine Martinet
Championne paralympique de judo

Philippe Mas
Fondateur
Modularche

Michel Mathieu
Directeur général
LCL

Olivier Mathiot
Directeur général
2050

Muriel Mayette-Holtz
Directrice
Théâtre national de Nice

Marie-Aude Mazetier
Magistrat à titre temporaire

Dominique Méda
Directrice
Irisso

Marie-Pierre Membrives
Cheffe de projet
« Cantines Rêvolution »

Julien Mendez
Directeur général
Institut supérieur Maria-Montessori

Aurélie Merlin
Médecin spécialiste (Imagerie médicale). Penseuse humaniste. Présidente et fondatrice de l'association think tank Acme Culture & Idée »

Frédéric Messian
Président de Lonsdale

Éric Mestrallet
Président Groupe Spes & fondateur d'Esperance banlieues

Bruno Mettling
Président
Orange Middle East and Africa

Marc Mézard
Directeur
École normale supérieure – PSL

Sacha Michaud
Cofondateur
Glovo

Christian Miele
Président
German Startups Association

Valéry Miéral
Président
Volailles Miéral

Éric Mignot
Fondateur +Simple

José Milano
Président Exécutif du groupe Omnes Éducation

Fatiha Mlati
Directrice de l'intégration
France terre d'asile

Dadou Moano
Cofondateur
RefuHelp

Jean-Paul Mochet
Directeur général
Franprix

Dominique Mockly
Président et Directeur général
Teréga

Grégory Mollet-Viéville et Romain Rainaut
Créateurs
Conqueryourday

François De Montaudouin
Advisor
Ayming Institute

Filippo Monteleone
Directeur général délégué
Ramsay Santé
Président de CAREIT

Martine Monteil
Préfet Honoraire

Louise Morel
Députée
6e circonscription du Bas-Rhin

Élisabeth Moreno
Ex-ministre déléguée à l'Égalité entre les femmes et les hommes, à la Diversité et à l'Égalité des chances

Aurélie Motta-Rivey
Vice-présidente
Association française pour les Nations unies (AFNU)

Antoine Motte
Président
Constructions-3D

Patricia Moulin Lemoine
Présidente du Conseil de surveillance
Groupe Galeries Lafayette

Claire Mounier-Véhier
Cardiologue et Professeur de médecine vasculaire au CHU-Université de Lille et cofondatrice du fonds de dotation Agir pour le Cœur des Femmes

Priscilla De Moustier
Présidente Conseil d'administration de Wendel-Participation

Peggy Munich
Fondatrice
Femmes Chefs d'Entreprises (FCE) Landes

Claude Nahon
Directrice
Environnement développement durable
EDF

Séverin Naudet
Directeur général analyse Socialyse

Diane de Navacelle de Coubertin
Directrice de l'ISF, Présidente Commission Education, Culture, Héritage de l'ISF,
Ambassadrice UNSS

Alexandre de Navailles
Directeur général
KEDGE Business School

Olivier Nicolas
Membre du comité exécutif
LCL

Céline Orjubin
Cofondatrice
My Little Paris

Kevin Ortega
Fondateur
Coiff in the Street

Haïba Ouaissi
Cofondateur LexDev

Amélie Oudéa-Castéra
Directrice marketing et digital
Groupe AXA

Rachid Ouramdane
Codirecteur
Centre chorégraphique national de Grenoble

Ali Parsa
Fondateur Babylon

Michel Paulin
Directeur général
OVHcloud

Gervais Pellissier
Administrateur de sociétés, ancien directeur général délégué du groupe ORANGE

Guillaume Pepy
Président
Initiative France

Emmanuel Petiot
Directeur général
Deinove

Nicolas Petrovic
Président
France et Belgique
Siemens

Laurent Petrynka
Président
Fédération internationale du sport scolaire

Céline Peudenier
Membre du directoire
Groupe SOS

Fabien Piazzon
Associé Qualité de vie au travail
Ayming

Alain Picard
Directeur général
SNCF Logistics

François Pignol
Directeur Grands comptes Luxe
Google Paris

Laurie Pilo
Directrice générale
BeNeLux Ayming

Garance Pineau
Directrice Générale du Medef

Dominique Pitoiset
Directeur général
et artistique
Opéra de Dijon

Thomas Plantenga
Directeur général
Vinted

Éléna Poincet
Cofondatrice
TEHTRIS

Olivier Poivre d'Arvor
Ambassadeur
de France en Tunisie

Célia Poncelin
Fondatrice Lunetist

Marie-Alice Thierry-Portmann
Directrice
des ressources
humaines
Ayming

Philippe Pouletty
Cofondateur
Truffle Capital

Cyril Quenet
Cofondateur
Label Famille

Marie Rabatel
Experte violences et
handicap, cofondatrice
et Présidente
de l'association
francophone des
femmes autistes.

Pierre Rabhi
Créateur
Colibris

Jonas Ramuz
Cofondateur
Quai 36

Laure de La Raudière
Présidente Autorité
de régulation
des communications
électroniques,
des postes
et de la distribution
de la presse (Arcep)

Matina Razafimahefa
Cofondatrice SAYNA

Raymond Redding
Directeur général
du courrier
Groupe La Poste

Florian Reinaud
Cofondateur Concilio

Helmut Reisinger
Directeur général
Orange Business
Services

Delphine Remy-Boutang
Fondatrice et CEO
Journée de la femme
digitale

Hugues Renson
Vice-président
Assemblée nationale

Sandra Rey
Fondatrice Glowee

Cyril Ribaut
Responsable Sport'R
Macron Pau

Stéphane Richard
Président-Directeur
général Orange

Anne Rigail
Directrice générale
Air France

Cédric Ringenbach
Président
Blue Choice

Rémy Rioux
Directeur général
Agence française
de développement

Gaël Riva
Organisateur
Drive Repas solidarité
de la Loubière

Robin Rivaton
Directeur général
Agence d'attractivité
et d'innovation de la
région Île-de-France

Lucie-Éléonore Riveron
Cofondatrice
Fauve Paris

Mathieu Roger-Lacan
Professeur agrégé

Fanny Rolet
PDG fondatrice
d'Antofénol

Patrick Ropert
Directeur général
SNCF Gares
& Connexions

Michel Rosen (de)
Président
du Conseil de Forvia
Président
du Conseil de DBV
Technologies
Membre fondateur de
l'Institut des Solutions »

Père Matthieu Rougé
Docteur en théologie

Nicolas Rousselet
Président-Directeur
général Groupe
Rousselet/G7

Gérard Saillant
Président
de la commission
médicale Fédération
Internationale
de l'Automobile (FIA)

Cédric Sanial
Agriculteur
en Haute-Loire

Michel Sapin
Ministre
des Finances
et des Comptes
publics

Gabriel Sardet
Directeur exécutif
associé chez ILMcie

Marie-Laure Sauty de Chalon
Présidente
Carat Interactive

Matthias Savignac
Président du groupe
MGEN,
vice-président
éxecutif
du groupe Vyv

Jacques-Olivier Schatz
Directeur
des opérations
Wakam

Wolfgang Schäuble
Ministre fédéral
des Finances

Marlène Schiappa
Présidente
de l'ONG
« ACTIVES »,
associée
de Tilder,
ancienne ministre

Olivier Schwartz
Directeur
de l'unité virus
et immunité
Institut Pasteur

Vincent Sciandra
Directeur général
METRON

Hervé Seck
Chef de projet
Diambars

Mouna Sepehri
Associée
Tilder

Olivier Sibony
Associé McKinsey

Yannick Silva
Fondateur
Yanook

Victor Simon
Président
WorldSkills
France
Champions

Zohra Slim
Cofondatrice
Instadeep

Alvaro de Soto
Professeur
École d'affaires internationales de Sciences Po

Mario Stasi
Avocat, Président de la LICRA

Martin Stephan
Directeur général adjoint Carbios

Martin Stimela
Cofondateur
Brastorne

Flore Tairraz
Accompagnateur de la Performance

Volkan Tanaci
Fondateur CityBzz

Aurélie Thévenet
Fondatrice Linestie

Anne-Sophie Thomas
Fondatrice & Présidente de Gestia Solidaire et Co-Présidente du MOUVESS

Camille Thomas
Violoncelliste

Jean Todt
Président Fédération internationale de l'Automobile (FIA)

Albert Toikeusse Mabri
Ministre des Affaires étrangères République de Côte d'Ivoire

Vincent Tomasetig
Président Maker Béarn

Michaël Trabbia
Directeur exécutif, CEO
Orange Wholesale

Marie Trellu-Kane
Présidente Unis-Cité

Iheb Triki
Cofondateur Kumulus

Léonie Vendola
Étudiante en économie

Cécile Verdier
Présidente
Christie's France

Agnès Verdier-Molinié
Directrice
Fondation iFRAP

Emmanuelle Verger-Chabot
Directrice EDF Hydro

Augustin Verlinde
Cofondateur Frizbiz

Gilles Vermot Desroches
Directeur du développement durable
Schneider Electric

Daniel Vervloet
Président
Fédération française d'allergologie (FFA)

Martin Vial
Directeur général
Europ Assistance

Frédéric Vincent
Président du Conseil d'administration
Nexans

Benoît Voituriez
Directeur administratif et financier
Ballet Preljocaj

Boris Walbaum
Fondateur et Président
Forward College

Jean-Pierre Wiedmer
Président
HSBC Assurances

Antoine De Wilde
Président
La French Run

Pascale Witz
Fondatrice
PWH Advisors

Alice Zagury
Cofondatrice de The Family et du Collège citoyen de France

Minggang Zhang
Directeur général adjoint
Huawei France

Camille Zonca
Cofondatrice
Label Famille

Débats Publics s'engage dans une démarche
de développement durable par respect pour ses lecteurs
et pour l'environnement.
La conception, la composition et l'impression de ce livre
ont été réalisées en France.

Conception graphique
Atelier Mook

Composition et mise en pages
Nord Compo

Imprimeur
Normandie Roto Impression s.a.s. (2501009)

Première édition : juin 2025

Cet ouvrage est également disponible au format eBook.

L'imprimerie Normandie Roto SAS est labellisée Imprim'Vert®,
et la couverture ainsi que le papier intérieur de l'ouvrage
sont issus de forêts certifiées PEFC.

ISBN : 978-2-38595-063-7
Achevé d'imprimer en juin 2025
Dépôt légal : juin 2025

PEFC
10-31-2541
Promouvoir la gestion durable de la forêt
www.pefc-france.org

DEBATS
PUBLICS

Retrouvez-nous sur
le site internet de Débats Publics

www.debatspublics.com